U0125726

靠谱

成为人群中的前5%

侯小强

著

台海出版社

图书在版编目（CIP）数据

靠谱：成为人群中的前5% / 侯小强著. -- 北京：
台海出版社，2022.12（2023.2重印）

ISBN 978-7-5168-3419-0

Ⅰ．①靠… Ⅱ．①侯… Ⅲ．①成功心理－通俗读物
Ⅳ．①B848.4-49

中国版本图书馆CIP数据核字（2022）第197226号

靠谱：成为人群中的前5%

著　　者：侯小强

出 版 人：蔡　旭　　　　　　　　责任编辑：俞滟荣

出版发行：台海出版社
地　　址：北京市东城区景山东街20号　　邮政编码：100009
电　　话：010-64041652（发行、邮购）
传　　真：010-84045799（总编室）
网　　址：www.taimeng.org.cn/thcbs/default.htm
E－mail：thcbs@126.com

经　　销：全国各地新华书店
印　　刷：北京世纪恒宇印刷有限公司
本书如有破损、缺页、装订错误，请与本社联系调换

开　　本：880毫米×1230毫米　　　1 / 32
字　　数：192千字　　　　　　　　印　　张：8.5
版　　次：2022年12月第1版　　　　印　　次：2023年2月第3次印刷
书　　号：ISBN 978-7-5168-3419-0

定　　价：68.00元

版权所有　　翻印必究

献给

我的父亲侯国衡、我的母亲赵蜀云

-自序-

　　多年来，我习惯在微博、朋友圈记录心得。其中一条关于"靠谱"的解读意外地被知乎平台热转，魏玲女士读到后找我约稿。这就是本书的缘起。

　　我在答应出版本书后，写作陷入了三年的停顿。一方面固然与创业艰辛有关，但更主要的原因是虽然自己的职场生涯可以追溯到20余年前，思考和总结的素材有60万字之多，但我始终觉得积累得还不够多。

　　决定重启本书的写作是2022年春节。在收到的诸多拜年短信中，有不少人提到我朋友圈的总结令他们受到启发。这些人所在行业跨度广阔，不乏知名企业家和职业经理人，也有独当一面的骨干、初入职场的员工，甚至有"00后"在校大学生。我突然觉得，如果我的这些总结，能够以图书的形式传播，影响更多的人，应当是我对家庭和企业责任之外的又一项具有积极意义的使命。

　　之所以产生使命意识，首先是因为我想到了自己的职业生涯：29岁时担任新浪网副总编辑，那时我主管的新浪博客，短时间内声名鹊起，早在十七年前，日活跃用户就创纪录地达到千万之巨；33岁应盛大创始人陈天桥的邀请南下上海，六年时间与同事们一起，实现了盛大文学营收数十倍的增长，成为当时中国最负盛名的文化品牌之一；2014年辞职创业，创办诸神联盟世界，出品或联合出品的电影、电视剧项目获得了不俗的市场表现，其中有两部电影得到了奥斯卡提名。

从二十多岁的职场打工新兵到大家口中有些资历的"明星员工"，从职业经理人到创业者，我迄今为止的人生跌宕起伏，有过高光时刻，当然也有过至暗时刻。有多少经验，就有多少教训。在过去多年的职场打拼和生活磨砺里，我曾碰过钉子，交过学费，我不但是时代变迁和风口更迭的观察者，更是一名体味过酸甜冷暖的亲历者。

因此我觉得，比起大多数职场图书的创作者，我的每份喜悦，每次切肤之痛，都源自真实的体验。"纸上得来终觉浅"，唯有一次次的攀登与摔倒，才让我对人生有了更深邃的体会。如今，这些经历带来的思考，都毫无保留地以"干货"的形式呈现出来，希望对读者有益。

其次，不少职场图书追求结构化，偏重硬核理论，读者有时无法卒读，进而将书束之高阁。而本书的创作特点是：跨度较长，常常是某种场景下的具体思考，并在此后多年里被我不断反刍、修正和优化，呈现出场景化、碎片化的状态，相对而言，代入感较强，阅读和理解起来应该比较容易。但本书显然不是一杯让你即时享乐的奶茶，不是一块奖励给孩子的糖果；本书内容看似碎散，实则硬核。

最后，众所周知，成功和成长是两回事。成功是一城一池的得失，有周期性，有偶然性，也容易得而复失，而成长，则是从山底到山腰，又到山顶的过程，人一旦成长，就再无退步的可能。但从某种意义上讲，世俗的成功和公认的成长也许本质上是一回事：如何处理信息，如何决策，如何为机会画像，如何为风险画像，都关乎认知。而读什么样的书，交什么样的朋友，做一个什么样的人，是认知的成果，也是固化或进化认知的工具。世间万象，唯有认知最可贵。真相很残酷，成长很难，我无法告诉你有一种可以一劳永逸的方法，也无法告诉你人不需要努力就可以解决一切难题，也绝不相信说话做事有一个放之四海而皆准的标准答案。

因为工作经历，我见过无数极其优秀的人，他们的资质未必多么突出，但他们遇到的艰辛之多，他们付出的努力之多，远超常人。他们在同自我做斗争的时候，同样会有力不从心的时候，也常常陷入绝境。但他们不断学习，不断总结，没有被致命的打击伤害或击碎，不断形成自己的原则，心甘情愿地相信，身体力行地坚持。在他们的人生中，都有一次或几次在黑暗中被闪电划亮的时刻，如同盲人摸象——认知高的人，仅凭一只象腿，即可窥见一头大象的全貌。当我开始本书的创作后，我亲历的、见证的无数故事开始沉浮。作为一个近距离的观察者，他们可贵的经验也成了本书的一部分。

我将以上的思考成果，全部置于本书中，创业者、职业经理人、有志于成为骨干的人，以及所有绝不甘于"躺平"的打工人、期盼跨越式成长的大学生，如果你们能在本书的某一部分得到启发，我将感到十分荣幸。

当本书即将付梓，一些重要的名字一一浮上心头。我要感谢我的父亲侯国衡，我的母亲赵蜀云，他们言传身教，告诉了我何谓责任感，又何谓爱，这是我成长中最重要的土壤，从这个意义而言，他们给了我世界上最好的教育。感谢我的研究牛导师在东岭教授，感谢我的职场领路人——新浪新闻模式的缔造者陈彤先生、中国互联网最有远见的陈天桥先生。感谢我的所有投资人、我战无不胜的同事们，以及我的所有合作伙伴。多年来，你们赋予了我这个世界上最重要的东西，我希望自己一刻也不要辜负你们的信任。

感谢畅销书作家李柘远、韩浩月、李筱懿、艺术家冰逸博士，感谢王宁教授、孙莉莉和我所有的投资人，感谢潘良、周亚菲，他们对本书都提出了具体的意见和建议。

目 录

靠谱：成功的进阶方法论

第二章

认知：人生的进阶法则

成事：高手的能量法则

第四章

选择：人生是一场修行

尾声：

后记：

第一章

靠谱：

成功的进阶方法论

所谓靠谱，就是收到做到、说到做到、想到做到

靠谱，就是不断交付确定

靠谱的人就是收到做到、说到做到、想到做到的人。靠谱的事就是难而正确的事。靠谱的关系就是双向奔赴或有能量流入的关系。我们一生都应该追随这些靠谱的事物。

靠谱是一个人身上的"金子"，总会让这个人闪闪发光。当我们在说一个人靠谱的时候，我们说的究竟是什么？

靠谱，有以下三层含义。

第一，总是能完成目标，说到做到。只要承诺了，就一定会按时，按要求，保质保量地交付成果。

第二，总是能完成指令，收到做到。你安排一件事他能完成，你安排多件事他仍旧能完成。一个靠谱的人，收到指令后会回复；遇到困难会沟通；项目进展会按节点通报；安排会落实。他会说到做到，尽心尽力，有始有终，积极主动；不玻璃心，没有惰性，不骄横。他能深刻地意识到，这不是繁文缛节，这是一个公司的基本规范。

第三，总是能解决难题，想到做到。靠谱的人坚信方法总比问题多。他敢于挑起解决难题的大梁，积极主动承担重任，在资源、激励不足的情况下解决难题，确保交付完成。

靠谱的人，有以下特点。

1. 靠谱的人，善于自驱，知道自己究竟为何而战。

2. 靠谱的人，善于反省，能够修正自己的错误，不断优化自己的攻防策略。

3. 靠谱的人，并不总是拥有一手好牌，但是总能把一手烂牌打好。他们坚信常识和开放的力量，并因此不断获得回报。

4. 靠谱的人，像军队中先锋部队的排头兵，不一定能打赢所有的战斗，但有勇气与胆量，并且在关键的场次和战斗中总是能赢。不一定从未被打倒过，但绝不会受最致命的伤害。

5. 靠谱的人，清晰地知道目标，能够分辨出最重要的事情，能够把自己的全部资源、注意力，集中在最重要的事情上。

6. 靠谱的人，不是完人，可能也会脆弱、焦虑、纠结、茫然，甚至恐惧。但他们更善于在尖叫、恐惧和兴奋中创造奇迹。

7. 靠谱的人不一定是多么了不起的人，但一定是值得信任的人。

靠谱，是对一个人的最高评价。

如何通过面试快速找到合适的工作

你不要疲于奔命，一天见六个面试官，而是要花六天时间，做好所有准备去见一个面试官。

第一，用一份简历应对所有公司是不对的。有些人面试一下子就通过了，因为他写的简历，是从面试官的角度思考的。到不同的公司去面试，要准备不同的简历，这是对自己的挑战，也是对应聘公司的尊重，这样的思维成为行为习惯后，会对你以后的工作有巨大的帮助。

第二，提前演练，预判面试官的问题。简历除基本信息之外，至少要呈现两部分：你做成过的事；对面试岗位的思考。你要根据已有的信息和资料，精准地判断面试官有可能问你的问题，并为之做出有理有据的应答。

第三，深度了解公司与面试官。你需要深入掌握这个公司的情况，或者面试官做过哪些事，要知己知彼，方能在面试中游刃有余。

第四，对薪酬有切合实际的预期。薪酬实际上是你对自己的价值定位。如果你随心所欲写一个高于本职位的薪酬，对方会觉得你不切实际，而与对方讨价还价的则是一个非常不明智的行为。

找导师是初入职场的第一件事

何为导师？导师是你通往未知领域的敲门砖或者灯盏，是领路人，是你事业大门的开启者，是帮你找到钥匙的人，是目送你走上更开阔大道的人。

导师，可以是你的上级，可以是部门资深员工，也可以是行业里的"大咖"。找导师的要求就一个：要远比你强，强到你可以对他服气。

有导师的一大好处，是能降低你的诸多成本：很多跌跌撞撞才能学到的本领，有时候其实就是导师的一句话点拨。

面对导师，你要真诚、谦逊，同时也要有质疑的勇气。但无论如何都得注意的是，要努力降低你们之间的沟通成本。

一个真正让你信服的人，绝大多数时候，你只要按照他说的做就可以了。

职场里的导师不必限于一个，同时应该不断迭代。你要将寻找靠谱的导师变成职场人生中贯穿始终的一件事情。

进入职场，七问自己

问题往往会在不断问询的过程中迎刃而解，至少也会愈加清晰。

1. 你上级的目标是什么？

2. 你个人的目标是什么？

3. 你是否掌握了有助于目标达成的关键方法和关键资源？

4. 你是否把足够的时间用在了对行业和竞品的调查研究上？

5. 你是否清晰地了解你和团队中每一个人的投入产出比？

6. 你是否能够将资源、认知、注意力压倒性地投入到最重要的事情上？

7. 你是否能坚持每天复盘，优化策略？

认领工作任务时，需精准了解这三点

上级布置工作任务时一定有其考量和目的，鲜少临时起意或安排意义全无的事项给下属。那样，岂不白白折损公司成本，浪费员工有限的时间和精力？

员工在认领一项新任务时，切忌草率回复"收到"后便开始埋头干活。职场之靠谱，也体现在对任务清晰、完整的认知与理解上。在被分配新任务的当口，最好实时向上级确认以下三点。

第一，该项任务的"初衷"。所谓初衷，即其对公司、部门、小组、项目所具有的价值和意义。

比如，一家新媒体公司的部门总监要求员工调研抖音Top10美食博主的直播带货30日成交额，员工需即刻确认。进行该任务的关键目的何在？也许是为公司正在孵化的垂类短视频达人提供数据参考，也许是为公司入场美食吃播类直播的代运营业务进行前期技术支持，也许是了解美食类短视频/直播账号的现存问题，为公司类似的业务避坑防雷。总之，清晰了解一项任务的来龙去脉、缘由初衷，带着更全面的背景信息开始一项任务，能有效避免会错意、走弯路、做无用功。

第二，重要程度与优先级。该项新任务是否时间紧急、是否需要优先于手头已有的工作事项，高效完成？

某些领导习惯模棱两可，以"尽快""尽量""尽可能"等含糊的修饰词部署任务。遇到类似表述时，员工切勿不假思索、不做追问。相反，应直截了当地问领导："这项任务，您需要我今天下班前/明天中午前/本周五结束前反馈吗？"只有明晰了任务的截止日期和优先级，才能精准安排时间，在高效推进现有事项的同时，漂亮完成新任务的相关工作。

第三，需要交付的工作成果（即英文"deliverable"一词）。老板布置这项任务，具体需要我以何种形式提交什么样的成果？是一页A4纸体量的总结报告？一份不少于10页、涵盖ABC三方面的PPT演示文稿？还是一组Excel数据分析表？细致的上级在下达任务时即明晰此类要求，但有些领导风格写意、不喜详述，又或在百忙中应接不暇、未能阐明细节，此时就需要员工带着靠谱的那根弦，主动向领导发问以明确任务要求了。

如何赢得上级信任

信任是相互的，信任会在不断的互动中变得更稳固。

要明确一条基本的职场原则，即上级安排的任务总是重要的，是应该心甘情愿要去做的，是必须完成的。

在交付任务前，你可以表达你的反对意见，但一旦形成决议，那就相当于做了一次信任托付。

同事有很多，但战友却不多，只有那种你将任务交付给他，他想尽一切办法去完成的，才能叫战友。

没有一个人是一座孤立的小岛，大家都彼此相连，正是每个人不负期望，才能群山回响，蔚为大观。

对于承诺的事情，无论目标多高，难度多大，指令多复杂，都要交付确定性。

要么学会拒绝，要么就对承诺的事情交付确定性，这是一个工作高手必须具备的美德。

上级对下级的信任，并不是建立在想象中，而是建立在一件件具体事情的完成情况上。那些出类拔萃的人，信仰"说到做到"，信仰"收到做到"，信仰"想到做到"，这样的人应该成为职场人的目标和榜样。

管理上级就是形成对上级的影响力

人的生活里有大量的时间是和同事度过的。在和同事的交流互动中，至少有一半的困惑源自上下级关系，说它非常重要，显然一点也不为过。

管理上级的关键词有许多，包括但不限于：沟通、聆听、理解、回馈……

管理上级不是去挑战上级的权威，而是形成对上级的影响力，以便寻求更多的配合与资源。管理上级要做到：不勉强，不抱怨，不改变。

管理上级，最重要的就是增强下级与上级的沟通能力。

首先，很多人怕和上级沟通。其实越怕的事情，越要面对，越应该改变。你要把和上级沟通当作一件重要的事情，当作一件心甘情愿、理所当然的事情，当作一个最终以你和他建立起信任和默契为目标的事情去做。

我想没有一个上级不愿意和主动要求工作沟通的下级互动，主动的员工都是公司活力最强的人。所以，不敢跟上级沟通的下级其实是放弃了凭借能力晋级的机会，因为上级的注意力资源有限，谁主动抢占他的资源，谁离胜算的目标就更近。

其次，下级和上级沟通重要信息时，永远不要推卸责任，不要避重就轻，不要含糊其词，不要热衷于当鸵鸟，讳疾忌医，导致事情朝着失控和对自己更不利的方向发展。不勇于承担责任的员工，基本上也是不愿意面对自己问题的人，这样的性格，会限制自己的进步和提升。

最后，在上下级的沟通中，我发现很多员工喜欢挤牙膏式的回答：

问三个问题，回答一个；

问一个问题，回答一个；

接着再问一个，然后再回答一个。

其实上级提问的时候，你应该要思考清楚他为什么要提问，他要解决什么问题。明确了这些关键点，你就可以把他关注的问题一次性沟通完毕，千万别像挤牙膏一样问一句答一句。

一个善于管理上级的人，在和上级沟通的时候路径很短，不会出现上级说什么他听不懂，上级问什么他也回答不清楚的情况。

靠谱的人，总会被看见

理解靠谱的另一个角度是·不问收获，只管耕耘。

第一，一个靠谱的员工和一个靠谱的上级，总会发生化学反应。一个能看到自己目标的人，也一定会被更多的人看到。

第二，与上级沟通，要以善意为底色。即使你觉得你的功劳被上级纳入他的功劳簿，也不要认为上级在占你的便宜，这样只会徒增自己的精神内耗。你要视为这是上级对你的褒奖。

第三，所有的付出，本质上都是得到。你做成的每一件事情，都是你辽阔人生的一部分，没有任何人可以抢得走。

如何向老板提升职加薪

恰到好处、符合时机的升职加薪要求，极其必要。

大多数时候，人往往会高估自己对团队的贡献，所以我建议你不要轻易向老板提升职加薪。大多数情况下，对于真正有卓越贡献的人，老板不会视而不见。

如果一直有想和老板提升职加薪的念头，我的建议是一定要找到一个好的契机。在不恰当的时候，做一件正确的事情，是对正确的误解。不合时宜的请求会加重你与上级或老板之间的隔阂。

在提升职加薪的时候，你要理性评估一下提出升职加薪的缘由。老板给你升职加薪的理由在于：要么是你创造的价值超过老板所支付的；要么是你总在源源不断地创造更大的价值；要么是你创造的价值超过老板的预期。你的不可替代和公司的顺风顺水是你获得积极回应的必要前提。

要求升职加薪的论述文案必须反复琢磨，既要讲理，也要讲情；要委婉，不要变成一次生硬的谈判；既要讲前情提要，也要讲未来规划。沟通内容切忌诉苦、攀比和威胁。

很多老板出于员工之间的平衡，或在整体事业环境低迷的状况下，对优秀员工的升职加薪要求，无法总是给予积极回应。但一个在恰当时机基于充分理由的升职加薪请求，会让上下级的关系更加通融，也会让没有主动走出这一步的上级（或老板）心生愧疚，从而更关注你的感受。

给员工升职加薪要谨慎

领导的手里有两种筹码：升职、加薪。这两种筹码的价值是对存量的肯定，对未来的激励。作为上级，要学会使用这两种筹码。

原则一：职位比钱更重要。职位意味着管理责任。并不是所有有业绩的人都适合做管理。上级可以给高绩效的人慷慨加薪，但升职则绝对不能过于感性。

原则二：大多数时候，频次比强度重要。

原则三：能设置观察期的，就不要一次性给到位。

原则四：在以上原则的基础上，给非常优秀的员工升职加薪不要犹豫。人力不是成本，而是资源。

领导对于自己手里的筹码，要有清晰的认识。遵循升职加薪的谨慎原则，可以更好地激发员工的成长积极性，而这恰恰是对员工负责的重要表现。

老板想让我取代我的上级吗

只有当你的人品与业绩均超过上级时，才有机会取代上级。

当你内心萌生"老板想让我取代我的上级吗"这样的想法时，必须明白：

第一，很多老板喜欢应用"鲇鱼效应"。老板有意无意地暗示，不一定是他非要辞退一个人，或者让谁取代谁。

老板对下属常常不可能 100% 的信任，也不可能 100% 的怀疑。甚至大部分时候，当你和你觉得看不惯、看不上的上级发生剧烈争执时，老板最终支持的还是你的上级。

第二，不要高估老板对你的别样看待。事实上，我们在镜子当中看到的自己永远比实际的自己要美。每个人如果把自我感知到的对这个公司做出的贡献加起来，将会远远大于公司的实际业绩。

在职场中，当下级总是很敏感地分析老板的一言一行的时候，标志着你将你的注意力放在了不应该放的地方。和上级的有效沟通固然极其重要，但最重要的仍然是你的业绩本身。永远不要将精力放在揣摩上级的心思上，很有可能，这是你自作多情。

第三，老板更看重人品。原则上，每一个人都要守住一个底线，那就是不能通过伤害上级而去争取你需要的职位。业绩或许可以通过学习提升，但底线一旦触碰，就没有挽回的余地了。上级违法违纪另当别论。

年终奖金没有预期高怎么办

年终奖金多少并不意味着它是老板与公司对你的唯一评价。

1. 好的老板会给员工一个高于预期的年终奖；而有的老板善于炒作预期，造成上下级关系的破裂。

2. 每个公司的薪酬体系不一样，有的严格按照业绩，有的全凭老板的好恶，并无标准可言。老板的情绪化对于下级来说并非毫无建设性，你很有可能会因为老板的性格而获得额外的红利。在创造惊喜上，一个严格按章行事的老板很有可能不如一个有情感张力的老板。

3. 大多数时候你要降低你的预期，因为很有可能你高估了你的贡献。结果常常是正确的、合理的，哪怕它没有符合你的需要。

4. 上级常常有制衡下属的需要。

5. 奖金发放还常常与企业的整体效益有关系。在老板的思考中，局部的收益必须放诸整体来考虑。

6. 当你得到的奖金显著地低于你的预期时，如果理由充分，建议与直接主管、与人事进行坦率地沟通，你会获得更充足的信息来决定下一步行动。一种是你可能会被说服；而另一种是你没有被说服，那么就需要勇敢地与更高层沟通。

7. 不要轻易地和老板或更高级的主管倾诉不公平，除非相当必要。

8. 如果能将自己变成不可替代的优秀员工，那么你通常就能在渴望被发现之前被发现。

中层领导要上下兼容、左右协同

中层即中坚力量。中坚力量的稳定输出，可保障整个公司各个环节的运转通畅。

中层干部向上管理需要有沟通能力，确保和上级的沟通路径短平快；向下管理要有动员能力；向左向右要有协同能力。

中层干部召之即来，来之能战，战之能胜。

中层干部是淘汰出来的，也是打出来的。

这让我想起以前跟余华合作《文城》话剧版权的经历。

2021年4月，余华新书上线销售前，公司的话剧业务负责人就提前从出版社拿到了样书，并在第一时间评估完毕，提请上会。决策时间只有两周。我很快做出购买《文城》话剧版权的决策。

由于我与余华多年没有联系，公司业务负责人第一时间通过自己身边人脉得到余华的电话，我跟余华约好了见面。

路上，我听负责人介绍了近五年来头部话剧作品的市场情况，以及适合《文城》话剧开发的主创团队清单。

我虽跟余华多年未见，但我们还是相谈甚欢。谈及购买版权环节，我让负责人直接跟余华汇报情况，版权价格也是负责人直接提报

（事前我们并未商量）。

余华非常直率，当场就签合同，交给我们做，也是出于对我们的信任。目前，项目已经由负责人稳步推进，进入敲定头部主创阶段，不久之后，应该就会与大家见面。

这一看起来相对顺利的合作案例，就出于业务负责人对上级、客户、市场等环节进行全面判断，并时刻跟我保持沟通的结果。

这类员工，在那些管理先进的企业比比皆是。这让我想到网飞（Netflix）创始人所著《不拘一格》里边的类似故事。

在"情景管理而非控制管理"一章中，网飞纪录片节目总监亚当要去竞标关于俄罗斯兴奋剂丑闻的纪录片项目《伊卡洛斯》。面对亚马逊、Hulu等同行的激烈竞争，亚当对是否要给出最终报价犹豫不决。

如果在别的公司，一旦涉及大笔经费支出，公司最高领导一定会牢牢抓住话语权，反复讨论后再做决定。

网飞并不是这样，它会帮助具体业务的负责人设定情境，让情境成为中层管理人员的决策依据。

最终，亚当提高报价，拿下该项目，而该片也摘得第90届奥斯卡最佳纪录片奖杯，验证了亚当独当一面的决策能力。

上级安排任务时必须要精确表达

任务下达与任务实现，就像接力赛跑，接棒要准确，跑起来也要追求速度。

上级在安排任务时，必须要注意精确表达。

所谓精确表达，是非常直接、清晰地描述任务本身的内容以及你安排的目的，必须明确责任人、截止日期、关键考评指标。

在会议中，上级必须单独、再次和受任务方确认。在更大的体系中，要做好会议纪要，做好督办。

很多上级和下级的沟通是无效的，这与上级的沟通习惯也有关系。有的上级喜欢用"最好、你试试、尽快、建议"等语焉不详的描述方式安排任务，以致下级并不认为这是一个必须完成的任务，更不会清晰这个任务的优先级和紧急程度。

在接到清晰的指令后，能够做到明白无误地确定收到并交付结果。

员工消极怠工，领导该怎么办

了解怠工背后的真实状态。

首先，你一定要清晰地知道成年人已经很难被改变了。所以你要分清楚员工的消极怠工是在某种特殊情境下发生的还是员工本身的工作习惯。

对于有能力但却偶尔消极怠工的人，绝对不要回避，而要积极沟通，了解清楚背后的原因，是因为受到直接上级的不公待遇？岗位不合适？家庭遇到变故？还是萌生去意？上级必须要创造出有利于那些有潜力的员工持续发挥能量的环境。

对于习惯性消极怠工的人，果断让他走人。

如何看一个人可不可用

第一，看他的结果。结果最难，最硬核。交代他一件事情，他交付你什么样的成果，一目了然。优秀的员工总能给你确定性，这样的员工就要多给机会，多给资源，多带带。

第二，看勤奋度。懒惰的人和勤奋的人是完全不同的。一个人勤奋的程度与他拥有的动力系统的强劲不强劲有关，与他承压的能力有关，也与他管理自己的能力有关。表面看是一个习惯，实际上是一个系统性作业的结果。一个懒惰的人遇不到"贵人"，处一两个月就露馅了。

第三，看学习能力。一个员工最重要的能力是学习能力。大多数时候我们说能力其实是存量的一个概念，是过去经验和教训、认知的总和。但学习能力预示着未来。一个人有没有好奇心和饥饿感，有没有学习的习惯，尤其是否习惯地与新鲜事物、新趋势、他人的经验和教训建立连接，决定了他的所有可能性。对那些虚怀若谷，一刻也不停止学习，能够深度学习的员工要保持足够的关注。

这三点强，基本上这个人就可用，当然还有一个最基本的要求，就是他必须得是一个开放性思维的人，怎么判断呢？你批评他两次就知道了。如果你批评他，他总是辩解，抱怨一件事做砸了是别人导致的，是糟糕的市场导致的，是竞争对手导致的。出现两次就够了，这是固定性思维，这种人不要重用，会在关键时刻掉链子。

怎么看待"90"后、"00"后的员工

不要用每代人的特质来掩饰每代人当中的佼佼者的共性。"90"后、"00"后当中的优秀的人与"70"后、"80"后没有显著的不同，同样具备优秀者的品质，勤奋、善于学习、善于反省、对新生事物有强烈好奇心。唯一不同的可能是他们对新生市场，对未来有更强的洞察力。

管理者的职责之一是做业绩，之二是找人。找人，而非招人；影响人，而非教育、改变人。成年人已经很难被改变，所以要想方设法找到不同的优秀的人。

管理实际上是对不同个性、不同经验值、不同可能性的员工的加权作业，有理性的部分，有感性的部分。关注不同年龄段的员工有一些意义，但没有想象得那么大。如果你能注意到那些不同年代的佼佼者，你就会发现，他们都个性十足，但又有着惊人的相似。管理者应该拼尽全力，让自己被这样的人包围。

不要轻易跳槽

职业的辉煌，需要时间的考验与历练。充分的信任与托付，可以激发一个人的最大能量。同时一个优秀的平台，也会使一个人拥有终生熠熠发光的回忆。

跳槽频繁，至少证明了一个人选择和坚持的能力比较弱。

频繁跳槽的人在初期可能觉得跳槽是一个成本小、收益高的事情；但在未来，这有可能成为一个人无法承受的成本。因为一个在职场上能够获得高阶职位的人，不可能是一个被视为不忠诚，或者轻率做出选择的人。在我面试重要岗位的时候，我通常会忽略掉那些跳槽频繁的人。

我们说一个人面对一个极具诱惑的机会时，通常指获得了一个远超现在收入待遇的职位。但这不是全部，还应该考虑下一家公司的稳定性、成长性，以及你跳槽后将面临的挑战。大多数人只能看到机会，而忽略挑战与风险。大多数时候，成功的跳槽常常是全面评估机会和风险后的决策，而非一时冲动。

不过当时我做跳槽选择的时候，则是凭直觉做的决策。

我的职场生涯有二十余年，在两家公司打工过，之后便开始创业。

我一向认为，选择要非常慎重，一旦做出选择，就要忠于自己的选择，不轻易跳槽。

2008年，我经过深思熟虑之后决定离开自己战斗了七年的新浪。离开的前一天，首席执行官曹国伟带领所有的副总裁为我送行。离开当晚，曹国伟单独请我吃饭，希望我继续留下。在我离开新浪的第二天，新浪还为我的离开发了官方新闻稿，认为我是新浪最有才华的编辑之一。

这一切都是新浪能给予一个离职员工的最高礼遇，直到今天我仍然非常感动。

但我离开新浪的主要动因，源自时任盛大集团董事长的陈天桥对我描述的一个场景。陈天桥是中国互联网公认的战略家。他说希望未来的中国娱乐产业就像立交桥一样发达，文学能够成为游戏、影视、动漫、广播剧等一切娱乐形态的发端。

他的描述震撼了我，如今也已经成为现实。但是在十四年前，他的描述就像电光石火，点亮了我。我当时没有想过跳槽之后待遇如何，风险如何，稳定性如何，一切于我而言都不在话下。

当时跳槽，跨越的不只是从北京到上海的空间距离。我也没有时间计算得失，只因为点亮我的那个东西，足以使其他黯淡。

2013年年底，在经历了一场网络舆论的沸沸扬扬后，我离开了盛大文学公司。后来，以盛大文学为主体的阅文集团在港股上市，市值创纪录地达到1000亿港币。我虽然不能亲临现场，但也与有荣焉。我们生命中最重要的不是得到，而是付出。付出，不一定在此刻有收获，但一定会在未来的某一刻如数呈现。

也许生命中最重要的都是看不见的，也是无法计算的。

当我研究生毕业误打误撞地走进新浪的那一年，我不知道新浪将给予我如此多的力量。我只是凭借直觉觉得互联网将成为趋势，而新浪是当时声名卓著的互联网公司，我希望加入它。日后，新浪让我知道，一个人只要敢想象，一切皆有可能。我领导了当时中国最大的社交媒体——新浪博客的创办，经历了严格的职业训练，结识了各行各业的精英翘楚。

当我选择加入盛大文学，支撑我做出选择的也并非精密的计算。

在我的职场生涯中，不能说从未感觉到委屈和不公，但事隔经年，想起来的全都是"金戈铁马，气吞万里如虎"的日子。我两家公司的老板给了我他人无法想象的尊重、信任和荣誉。当我回望自己这两段职场旅程的时候，我感觉到了无上的荣耀，也想起我众多的不足和辜负。

当我结束了职业经理人的生涯后，我发现再无屋檐为我避雨，我必须独自一人带着团队坚定前行。前途迷茫，但已经整装待发。我已经清楚地知道我从哪里出发，又带着什么样的使命。

"人生犹如一部大片，直到片终，才能充分揭示出生命的完整意义。这部大片往往由很多场景组成，每一个场景都有其独特的意义，要求人们一一做出选择。很多选择往往使人左右为难，或做或不做，或生或死，或逆水行舟或急流勇退，或仇恨或宽容，或为信念不惜赴汤蹈火或为家人甘愿委曲求全，都是一种不可替代的使命。"

学会汇报坏消息

汇报坏消息的最终目的，是为了正视问题，以免风险持续蔓延，以至于不可收场。这是为了最终获得解决方案。

有时候你不得不给你的上级汇报坏消息。特别琐碎的，可以自己处理的坏消息，原则上不必汇报，处理完后通报即可。影响比较大的坏消息一定要早点汇报，越早越好。

汇报坏消息要注意哪些方面呢？

1. 一定要坦诚，不要遮遮掩掩，要把关键细节和可能的风险点汇报清楚。

2. 当面汇报更好一些。汇报之前一定要考虑周全、详细准备，不要语无伦次，有意或无意地忽略掉重点。

3. 如果有你的责任，必须要真诚道歉，敢于承担。

4. 最重要的是，一定要在力所能及的情况下，提前规划好各种解决方案，并将希望寻求到的上级的支持具体化。

5. 一定要让上级意识到你在全力以赴解决难题的态度和决心。

6. 通常情况下，上级，尤其老板所处场所，是众多坏消息的聚集地。即使一个以冷静著称的知名企业家，在面对坏消息的时候也难免产生焦虑。一个致力于成长的老板，要习惯与坏消息相处。不能将汇报坏消息的人当成坏消息本身去处理。下级越敢汇报坏消息，说明上级越能容纳和处理坏消息。

远离办公室政治

职场政治总是容易将你卷入其中，但你必须学会远离。

当你身处职场政治的旋涡中，对你而言唯一重要的就是，永远不要忘记自己的目标，不做任何人的棋子，永远不要将清宫戏中学到的那一套放在职场场景中。

同时，要对提拔自己的人保持笃定的忠诚。

任何事情，都要有始有终

一分钟能完成的事情马上去做。

上级当下安排的每件具体的事情，一定要按时交付成果。长期的安排，则定时交付成果。

只要是好习惯，就一定要一直坚持下去，而非三天打鱼两天晒网。

每天、每周、每个季度、每年，都要列出工作清单。只要列上的就要想办法完成，要么就不要列。

无法最终完成的事项要有结项意识，而无须始终挂在待办清单上。

如此，不仅有益职场，更有益于生活。圆满的人生，大都是由不起眼的好习惯日积月累置换来的。

做正确的事情远比正确地做事更重要

用最短的时间，精确理解什么是正确的事情。

大部分公司的大部分人，都只为现在负责，不为未来负责；只对局部负责，而不为整体负责；只对原因负责，而不对结果负责。在我看来，这常常是把事情做正确而毫不在乎结果的表现。

相比之下，做正确的事情就更难能可贵。

何谓正确的事情？不同人有不同的理解，我自己建立了一个我认为的正确事情的画像模型：

正确的事情一定是自己坚信的事情，而非盲目追随他人。

正确的事情是重要而可知的，是拼尽全力够得着的事情，不是拽着自己的头发离开地球的事情。

正确的事情，常常是所处行业里头部的事情。最优秀的人，习惯做头部，做极致，做第一。因为头部事物的势能和可能性会秒杀那些平庸的事物。

正确的事情不一定是心甘情愿在做的事情，它常常不在你的舒适区内。你常常需要做很长时间的心理建设。一个坚持跑步多年，并因此极大地改善了自己身体条件的人，在面临又一天高强度的训练时，同样也不会那么轻松。

正确的事情是势头上的事情。在股市即将腾飞的时候入场获得的收益不言自明。

正确的事情，不意味着每个环节的正确。某个环节的失误，可能是促成发现正确事情的一个密码。

正确的事情，是经验和教训都相当饱满的事情。

正确的事情通常都很难，难在选择和坚持。判断一件事情值得不值得做，比怎么做这件事情要难。正确的事情坚持下去也很难，因为又有很长的时间需要你孤军奋战，在漫长的黑夜里，唯一陪伴你的，可能就是你不断地对自己的追问和质疑。最应该被坚信的，通常也很脆弱，也会被不断质疑。

有时候，不做事，就是在做正确的事情。

对于一个创业公司而言，正确的事情已经显而易见，就是"赚钱"。我将"赚钱"写到了公司的文化中。我们的管理团队笑称，要让赚钱的趾高气扬，不赚钱的灰头土脸，赔钱的人人喊打。我们会议室的墙壁上赫然写着：要让我们的每分钱带着更多的钱回家。不要让它们流浪。这是我创业几年后意识到的，即赚钱是一件无比正确又非常艰难的事情。一个人能听得见钱响的声音，其实是一种罕见的美德。一个企业家，能将主要精力放在赚钱上，也合乎他职业道德的需要。

从一个旁观者的角度而言，以上的这些话或许是笑柄，足可以让人窥见一个在创业路上跌跌撞撞的企业家无趣又功利的一部分。

也正是将赚钱写到公司文化中后，我们意识到了目标、结果、务实的重要性。

　　也正是从这些时刻开始，我们意识到做正确的事情远比正确地做事更重要，经营比管理更重要，结果比过程更重要。

　　我坚定地认为，企业的价值观虽然重要，但更重要的是目标。一个企业不可能有两个同等重要的事情。国家也如此，改革开放四十多年，统一了所有人的目标，争分夺秒地向目标前进，创造了举世瞩目的奇迹。企业更当如此。

管理要有理、有节、有利

好的管理，可以释放"弹簧"所能承受的最大压力，变成灵活做事的最大弹性。

市场在变，上级的决策必须也随之发生变化，绝不能刻舟求剑。此时，作为下级必须接受改变，善于适应变化。

但上级也要有定力，其改变应有理、有节、有利。

所谓有理，是指要和下级共同分析市场变化，达成共识。

所谓有节，指的是在改变时要有所节制，不能让下级疲于奔命。如果一会指东一会指西、朝令夕改，那么所有人都将无所适从。

所谓有利，是指所有的变化都要出于改良的目的，而非恶化一个团队的行动力。

身在职场，要有弹性，不能一成不变，其变化也不应该超越一根弹簧的最大弹性力量。对于一个真正能从职场生涯的每次变化中获益的专业人士而言，这种能力既重要，又可以不断训练加强，以逐渐达到其峰值。

什么样的人会成为优秀的管理者

首先必须重视行动。三流的人重视情绪，二流的人重视事实，一流的人果断行动。他不是看不到困难，而是要致力于在行动中解决困难。他不会不焦虑，但是相信只有行动才可以从根本上解决焦虑。下一步该怎么行动，始终是优秀和不优秀的管理者的分水岭。

其次是关键目标导向。对于企业领导人而言，不同的周期，目标是不一样的。收入？利润？现金流？如果关键的目标只有一个，到底是哪一个？要找到至为关键的目标，全力以赴地去完成，牵一发而动全身，这能动全身的一发，就是关键目标。眼中有目标，方法就会多一些，困难就会少一些，借口就会少一些。能找到关键目标的人，眼中就像有光一样。

最后必须注重增长。当我们说一个优秀的管理者必须重视学习的时候，实际上潜在的含义是他必须注重增长。学习的目的对于企业而言就是为了增长。此时的学习就必须是可迁移、可连接结果的学习。致力于增长的管理者的四象限里，有用、无趣显然比无用、有趣有着更高的优先级。从这个意义上讲，致力于增长比致力于学习，对一个优秀的管理者而言更重要。

保守秘密，是商业成功的关键

要学会保守秘密。

信息就是金钱，无意或有意地泄露公司的秘密，常常会导致公司重大的损失。

我在创业的几年中，公司就出现过几次因员工和其他公司分享我们公司拟购买的项目而遭遇恶性竞争，最后憾失项目的购买机会。

从那之后，在每周一例会上，我严令信息保密，也严格控制参会人数。每位会议参与人都需要签署保密条款，杜绝此类事情的再次发生。同时，这份签署的保密条款，是在每个员工入职协议上签过的保密条款之外，再次签署的保密约束，以增强保密效力。

能一分钟完成的事，就马上去做

眼疾手快者，均是高手。

一个善于设定目标的人，会根据目标将事情分为：主要的事情、重要的事情、紧要的事情和必要的事情。

我们在做每件事情的时候都要评估一下，是否符合这"四要"。

一个善于评估时间的人，能够精确地分配做这些事情所消耗的时间。

在我二十多年的职业生涯中，有一条最重要的经验，那就是如果能一分钟完成的事情，就要马上去做。比如打一个电话、发一个短信、建一个微信群、询问一件事情。

一分钟能完成的事情，在你的工作清单上，占有相当一部分比例，既琐碎又有必要完成，完成后能极大地减少你的压力和焦虑感，从而真正地将注意力分配在更重要的事情上。

我的好友周宴西，是国内顶尖娱乐经纪人之一，她就是一位"一分钟能完成的事情，必须马上去做"的倡导者和坚定实践者。作为一名众多一线明星的经纪人，事无巨细，都需要她操心，但我从来没有见过她有过一次拖延，需要马上联系的，她总是果断地马上联系，不让事情推迟到下一分钟。我从来没有见过一个像她那样繁忙的人，但我也从来没有见过她为此叫过一次累。她将她的生活和工作安排得井井有条，主要原因就是她总是即时完成必要的、一分钟可以完成的事情。这些事情过于琐碎，但又相当必要，实际上占据了我们太多内存，必须随时清理，以便留出更多、更大块的时间去处理其他棘手的问题。她的观念对我影响至深。

要花三分之一的时间在调查研究上

在调查行业和竞品的问题上，我发现优秀员工和普通员工做法完全不一样。

普通员工通常加一两次班，在搜索引擎上搜索一下用户评价，找一些公开的资料，再下载相关App试用几次，接着把收集到的信息东拼西凑整合一番，做一个看似庞大、实则只有皮毛的PPT就交差了。

而优秀的员工则更进一步，把事情做得更为细致。比如我们公司旗下的知名教育"大V"、青年作家李柘远（抖音账号：学长Leo）。

李柘远从哈佛毕业后，我们决定推出他的抖音账号。确定了方向后，在长达半个月的时间里，李柘远推掉了绝大部分的事情，一头扎入短视频和抖音平台的深度调研中。他迅速关注了近百个成功的抖音达人账号，一遍遍地刷他们的热门视频，不停地总结爆款模型和选题，再结合自身情况进行测试和优化。

在他开通抖音账号后，边调研边尝试边总结，在短短三个月的时间里，就迅速涨粉100万+，发布了多个刷爆全网的爆款视频。

一个优秀的人在做事前，能够投入三分之一的时间和注意力不断调查研究，然后不断行动，不断试错，不断超越，最终成事。

一个优秀的人做任何事情都希望做到极致，哪怕是在研究对手上，也是如此。

时间管理的九个原则

时间需要不断被捶打与精炼，才能够真正为你所用。

1. 根据目标进行时间分配，要把时间分配在主要的、重要的、紧要的、险要的和必要的事情上。一个善于利用时间的人，非常注重时间的"有效性"。

2. 如之前所述，一分钟能完成的事情，必须马上去做。

3. 要留出整块的时间处理最重要事务。在这段时间内，除非特别紧要的事情需要插队，原则上不被其他的事情影响或打扰。

4. 要学会利用碎片时间处理必要的事情。要有能力同时处理两三件可以在同一个时间段可以完成的事情。

5. 重申一下，要将紧要的事情和险要的事情置顶。

6. 必须养成当日事当日毕的习惯。

7. 要有能力判断一件事情大概消耗的时长，以便更精准地安排其他事情。

8. 要学会尊重他人的时间。

9. 要学会定期复盘时间的利用效率，发现问题、总结经验，以提高下一阶段的时间管理水平与使用能效。

最后我给认为自己时间不够用、过于忙碌的人分享《稀缺》里面的　句话："贫穷和忙碌并不是简单地因为缺少金钱和时间，而是种心态和能力的匮乏。"

学会列清单

清单不但可以帮你明确目标，更可以帮你走出迷雾，清除不必要的担忧。

我平常会使用三个清单：一个是待办清单，一个是风险清单，一个是焦虑清单。

待办清单一般是按照季度、月、周、日去写。完成一件划掉一件，有一些长期运营的项目我会特别标红。

风险清单是我尤其看重的。在娱乐业，风险总是猝不及防地发生，几乎毫无征兆。我拥有了一个越来越长的风险清单，并在每周公司的骨干会议上和大家分享。

另外，我想特别提一下焦虑清单。作为创业者，我觉得自己无法规避焦虑。从最早的抗拒焦虑，到焦虑引发的种种症状，再到后来与焦虑和平共处，我做了长时间的治疗和探索。我发现当你把令自己焦虑的事情写下来之后，可以最大限度地缓解焦虑症状。你会发现，大部分令你焦虑的事情，或没有发生，或发生后都能找到对策，最终都没有产生不良的结果。只有极少的事件是发生后你无能为力改变的。

学会求助

在深山中，发出的呼声越高，得到的回响越大。

如果一个人能意识到结果才是真正重要的，他就会克服所有的胆怯、面子和惰性，勇敢地向别人求助。

求助不但不是一种羞耻，甚至我觉得是一种美德。一个人应对一项具有难度的任务时，需要懂得借助外力、借助他人所拥有的资源和能力去完成。

即使像马斯克这样的世界首富，在创业过程中，也需要经常向人求助。《硅谷钢铁侠：埃隆·马斯克的冒险人生》记录了下面一段经历：

2008年，是马斯克的至暗时刻。SpaceX多次发射失败，特斯拉经历裁员风波，当马斯克浏览SpaceX和特斯拉的财政状况时，发现旗下只有一家公司有机会存活下来。为了给员工们支付每周的薪水，马斯克只能在和投资人周旋的同时求助朋友。

最终，比尔·李给特斯拉投资了200万美元，谢尔盖·布林也投资了50万美元，许多特斯拉员工都为了帮助维持公司运转出了钱。金巴尔在金融危机中损失了大部分资产，但他还是卖掉了自己所剩无几的财产来投资特斯拉。

融资最终完成于圣诞前夕，再迟几个小时特斯拉可能就要宣布破产。当时马斯克只剩下几十万美元，甚至第二天无法给员工支付薪水。最终，马斯克的求助为这轮融资贡献了1200万美元，剩下的部分都由投资公司提供。

这也才有了他的东山再起，收购推特等大手笔动作。

马斯克的性格里，有羞怯的一面，但擅长求助，使他变得强大与自信。

学会远离六种人

1. 一定要远离情绪不稳定、喜怒无常的人。

2. 一定要远离喜欢变脸、人前一套人后一套、前倨后恭的人。

3. 一定要远离热衷于举报、揭发、编造或泄露他人隐私的人。

4. 一定要远离极度谄媚的人。一个人过分殷勤、过分谦卑，超过其应有的度，常常非奸即盗。

5. 一定要远离怨天尤人，常常制造恐怖、压抑、焦虑气氛的人。

6. 一定要远离特别容易羡慕妒忌恨的人。

以上六种人都属于在人格上不能被信任的人，而靠近这样的人，大概率会给你的某个阶段制造人生黑洞。

减少抱怨

抱怨是慢性毒药，会让一个人慢慢四肢发软，精神无力。

1. 如果你是为自己做事，为何要抱怨呢？每件你在做的事情都在给你产生利益，并且是你选择的。

2. 不要觉得没有人帮你。很多人都曾经在你艰难的时候伸出援手。千万不要忘记别人的出手相助。

3. 不要抱怨不公。没有一个人是容易的。每个人都在打一场不为人知的艰难的战斗。你羡慕的人，可能比你更难。

4. 一个人调整情绪的能力也是能力的一部分。抱怨毫无意义，你应该关注更需要你投入注意力的事情。

5. 不要沉浸在往事当中无法自拔。已经发生的就让它永远过去。

正确说话的十个技巧

作家海明威曾说过："我们花了两年学会说话，却要花上六十年来学会闭嘴。"

曾国藩亦曾说过："行事不可任心，说话不可任口。"

说话、做人、做事是一个人在这个世界上最基本的部分。如何说话，至关重要。

在什么时候和什么样的人该说什么不该说什么、该如何表达，都特别有讲究。小时候不懂"朝四暮三"和"朝三暮四"，"屡败屡战"和"屡战屡败"的区别，长大之后才知道，不同的表达，蕴含着不同的意味，于受众而言，达到的效果也自然有所不同。

一个人说话的能力是解决问题能力中的一部分，显示出他换位思考和共情的能力，也从侧面反映了他管理上级、管理客户、管理朋友圈的能力。

说话的本质是一种技术，必须刻意练习。

第一，一定要少说话。说话要分场合，可说可不说的不要说，不应该说的更不要说，可以说的也要有分寸地说。说话就像注意力一样，必须集中，否则祸害无穷。人到中年回首往事的时候，会发现在说话这件事上，"沉默是金"确实是金科玉律。

第二，关键的话一定要说。不说则已，说则一鸣惊人。一个优秀的人善于说该说的话，精准、有效、有力量。一个靠谱的人，常常被认为是说话总能说到点子上的人。

第三，切忌口不择言。要真话不全说，假话全不说，不说无法收场的话，不说以后圆不了的话，不说一旦开始就得不停去打补丁的话。在如今大环境的不确定性和压力的状态下，人特别容易有应激反应，稍不如意，便极其愤怒，做不该做的事情，说不该说的话，不但容易树敌、坏事，也会让人觉得此人不可靠，只会为日后增加很多障碍。

第四，在重要的场合，或和重要的人说话之前最好准备个提纲。一定要说一二三四，不要前言不搭后语，也不要车轱辘话来回说，该合并同类项的就合并同类项。要说能让人记得住的话，一定要善于借助故事、数字和简练的措辞，表达出核心观点与结论。

第五，有一些抱怨性质的话可以换成更有积极意义的话。比如你在传达苦衷的时候，不要进行直接的吐槽，而是语气淡定地分享现在面临什么挑战。说话与思维方式密切相关，说出来的话也会与思维方式互相影响。

第六，少说自己和他人的秘密。因为每个秘密最终都会成为伤害他人或炸毁你们关系的雷。

第七，少说炫耀和卖弄的话。每次扬扬得意、卖弄虚荣，都会让人觉得你很轻薄肤浅。

第八，不要试图说服三观与你有本质不同的人。没有共同目标的人，过往的经历和价值观也不尽相同。这是一个多元的社会，每个人掌握信息和处理信息的能力都不同，对同 个事物也会有不同的理解。辩论的结果就是关系撕裂，一地鸡毛。

第九，说话语速可以放慢。

第十，说话一定要真诚。真诚有三层含义：首先，是想要表达的；其次，是出于善意的；最后，表达的时候不要扭扭捏捏、故弄玄虚。

学会有效沟通，换位思考

卡耐基认为：如果你是对的，就要试着温和地、有技巧地让对方同意你；如果你错了，就要迅速而热诚地承认。这要比为自己争辩有效和有趣得多。

沟通成本高有两个原因：第一个是技术层面的，没有沟通清楚；第二个是认知层面的，各说各话，不在一个轨道上，重点不一样。

技术层面的沟通问题可以解决，认知层面的沟通问题无法解决。

很多人喜欢预设结论，有了结论以后拼命搜刮证据。很多毫无因果关系的事情被情绪化地连接起来，尤其在涉及人际关系的地方，这实际上是沟通能力低下的表现。因为沟通能力低，特别容易产生误解，形成定论，因此每次无效沟通都变成了对误解的强化。

这提醒我们：

1. 在工作场景上不要预设他人的动机。很多人并没有你想象得那么不堪。

2. 自己要主动走出有效沟通的一步。眼中有了目标后，借口、情绪、是非，都会统统不见。

3. 人必须站在更高的格局上理解职场场景里的人际关系，即必须去除自己的部分私心。不要做一个精于算计的人，不能时时只算计自己的得失。

4. 必须要有换位思考的能力。很多人对他人的误解实际上是因为缺乏同理心，不会站在别人的角度思考问题。

被批评的时候不过多解释

消化批评很不容易，但能做到这一点的人，很难被打倒。

1. 被批评的时候不要过多解释。因为批评者和被批评者的立场和出发点完全不同。

2. 被批评的时候不要推卸责任。推卸责任、寻找借口，会造成更大的次生灾害，会导致批评的烈度加大、衰减周期变长。

3. 被批评的时候要首先检讨自身原因，但也无须喋喋不休。

4. 哪怕你受到的批评超过了你应该承受的限度，你也不应该过度表现出你的不满情绪。即使这很难。

5. 不要当面或在众多下属在场的情况下剧烈顶撞上级。如果你对上级的批评不满，你完全有机会做出自己的辩解，比如可以通过邮件，用更委婉、更充分的表达方式进行。

"龙耳"为"聋"字，意味着杰出的人要学会"装聋作哑"。

一个优秀的人，即使面临批评，他也会说服自己关闭批评本身之外的信息。人不应该无条件地接受所有的信息，应该只关注那些能让自己和事情本身变得更好的部分。

创业的十条认识

创业比拼的不是别人看到的辉煌，而是别人看不到的磨难。

1. 绝大部分人终身都不适合创业。

2. 创业九百九十九死，一生，而且绝对不可能永生。

3. 创业者需要具有非常全面的能力，尤其是快速的学习能力，以及高挫商。即使是任正非，也曾长期陷于焦虑和抑郁当中而无法自拔。

4. 创业需要考虑所在行业的成长性、容量，以及当下所处的周期。不要在经济下行的周期匆忙创业。

5. 不是因为有一个好点子，或者因为某一方面有独特能力就可以去创业。

6. 你在创业书上看到但却忽略了的基本上都是真理。在创业的过程中，你很可能会忽略这些真理，直到掉入一个个坑中。女人看过再多生孩子的书，在分娩的时候也会感觉到无法忍耐的疼痛。

7. 在一个更好的企业打工同样可以取得世俗意义上的成功。如果你能力足够，同样会获得慷慨的馈赠。而需要付出的代价则相当有限，代价很有可能只是你内心的感受而已。既然如此，又何必创业？

8. 创业者，要极度渴望成功，要有任何时候都无法浇灭的一团火。一个成功的创业者，要有扭转现实的能量。如果你只是想要自由或者觉得受尽了委屈而选择去创业，大可不必。奇怪的是，大部分人竟然是因为遭遇了所谓的不公而去创业。

9. 找到一个互补、配合默契，又极其聪明的合作者，是创业成功的必要条件。大多数人总是一个人匆忙上路，或者找到一个各方面并不完全满意的合伙人，最后以分道扬镳甚至分崩离析而告终。

10. 在一个超级平台上创业更符合当下形势。想要在超级平台上创业成功可能取决于你进场的时机、你的辨识度打造、你的勤奋以及从天而降的运气。我见过太多平凡的人，在超级平台上成为明星；也见过太多出色的人，在孤注一掷去创业的独木桥上，无奈折戟。

第二章

认知:

人生的进阶法则

知识和认知最大的不同是,前者只存在于头脑中,而后者,还需要付诸行动,并交付成果

不断确立和进化的十二条人生原则

原则就像地球围着太阳公转的轨道，人一生都应该在发现、确立和进化自己的"轨道"中。

一个人不能没有原则，更不能固化自己的原则，将原则当作教条。

人经历的事情越多，经验和教训就越宝贵，从经验和教训中抽象出的原则就越坚固。此后，还要经历更多的事情，还要进入更多人的经验和教训当中，最终形成一生中都必须践行的原则。

同所有在这个世界上摸爬滚打的人一样，我也在不断地确立我的原则。

一、坚信的必须要坚持

2021年体检，我的血压、血脂、血糖都高了。医生说有一年的窗口期，可以通过调整生活状态来降低异常指标。如果错过这个窗口期，那就意味着终身服药。

身体亮了黄灯，我决定要改变。

自那之后，我每天坚持跑5公里，风雨无阻。三个月后，三高和重度脂肪肝全无。尽管一年多的坚持，我始终没有热爱上跑步，但我也从未停止过这项运动。我知道这项运动对我有益，我得到的回报也绝不仅仅是四十多分钟跑步后的大汗淋漓，我需要对我坚信的事情付出一点代价，比如每天跑步前我都要花一些时间做心理建设。

二、只做重要的事情；要心甘情愿地做；要日思夜想、全力以赴、投入所有的资源认知去做；只要是重要的事情就一定要做成

人在不同的阶段都必须确立自己的目标，根据目标来确定何谓重要的事情。重要的事情一旦全心投入，你就可以获得正收益，要探索到重要的事情并不容易，你必须不断试错，直到你找到重要的事情。

重要的事情不能太多。有两三件即可，甚至只有一两件。要确保你的注意力、你的时间、你的资源，你的认知压倒性地投入最重要的事情上。结果无非是赢多少、输多少的事情。

重要的事情必须心甘情愿去做。即使是一个理性的人，也一定会有情绪化的时刻，根据自己的好恶来决定对事情的接纳和投入度。但一旦理性上确定它是重要的事情，你就必须要建立起与它的情感连接。你不一定能真正喜欢这件事情，但是你要说服自己心甘情愿地完成它，这个过程非常重要。一旦明确了这项原则，你就会极大地减少精神内耗。

重要的事情必须要做成。我们可以经历一两次失败，经历很多错误招致的至暗时刻，但是我们在关键事项和任务上，一定要赢。有些失败是致命的，有一些胜利将关乎你的命运。要赢的心态非常重要，它决定着你的注意力与时间的分配。一场没有退路的战斗，必须要赢。

三、无法接受的就改变，无法改变的就接受，无法接受和改变的就先放放

大多数人做不到的也想不通，一生都在纠结、后悔和过度焦虑中度过。但我见过的优秀的人并不如此，在他一生进行的战斗中，哪些是可以放弃的，哪些是必须赢的，哪些失败必须要接受，他都考虑得清清楚楚。一个优秀的人擅长归类，权衡利害后将不同的事情放在不同的区域，用不同的策略来对付。

四、断舍离

为学日益，为道日损——意思是如果你要学习，那就应该像做加法一样，进入不同的场景，接触不同的人，打不同的仗，看更多的书。但是你如果想去掌握浓缩的智慧要义，那就应该想尽一切办法做减法，直到你没有可以减少的东西。

一个人的一生就像冰箱一样。你去看看你的冰箱，是否堆放着无用的、过期的、一辈子都不会食用的食品？我们不应该长久地处在一个堆砌繁杂的生活状态中。

同样，我们的头脑、我们的任务清单里，是否也有很多不应该占用内存的部分？要么是无用的，要么是过期的，要么是陈旧的，它们既然无法与我们当下的生活工作建立强连接，为何不清理一下，以便我们有足够的内存去装更重要、更必要、更主要和更紧要的事务呢？

一个装满了无用程序的电脑，无法胜任一场完美而波澜壮阔的游戏。

五、要付出远超他人的努力

大部分人的努力都是三分努力、三天努力，或努力成为"表演艺术家"。他们加了一次班，就要在朋友圈昭告天下。他们把每次努力都当作是一次行为艺术。他们希望每次努力都能立刻获得反馈。也许在某个深夜他醒来，决定改变自己的命运，又在翌日的晚上，刷短视频、玩游戏、上社交软件。

但是那些与众不同的人却并非如此。

我团队中的李柘远，是耶鲁和哈佛大学最高荣誉毕业生。他早在高中二年级的时候就在托福考试中接近满分。在高盛期间，他获得了亚洲明星分析师的表彰。在2021年，他凭借自己的作品《学习高手》几乎占领了所有畅销书排行榜。

他有资格"躺平"。

但是，在2022年春节假期，他用比工作日更长的时间写作，在这一年又要出版数本新作。当其他人走亲访友、吃喝玩乐的时候，他看似枯燥孤独地面对一个更大的世界，实际上却获得了更多不为人知的乐趣与成就。

雷军是我的投资人之一。在拿到小米投资的前夜，我和雷军有过一次短暂的谈话。我们约好早晨九点见面，我回答他的问题。会面时，他迟到了五分钟，向我解释前一天开会到凌晨两点多，回家短暂失眠。一个已经有巨大成就的人尚且如此勤奋，这给了我很大的启发。我已经意识到，那些最成功的人，不一定是多么幸运的人，也许还恰恰相反，他们可能曾经遭受过命运的重创，握着一手并不出众的牌。但是他们足够聪明，足够坚韧，更重要的是足够勤奋，所以才打了一场出色的牌局。

勤奋和读书一样，也许是一个人能够逃离原生阶层的又一机会。

六、迅速接受现状

人生不如意十有八九。在我创业的过程中，我分别经历过恐惧、失败、不确定性、高度风险。我曾经戏称如果一天中我得到了一个好消息，那就一定会有一个坏消息来对冲；如果一天中有一个坏消息，也许还会有一个更坏的消息来作陪。

创业多年我所学到的，远远超过我做职业经理人的十几年中学到的。每当我遭遇艰难时刻，我都会提醒自己：长久地陷在一场大雪里并不明智，我必须果断抽离，像看一场电影一样，剧终后迅速回到现实。在此后的每一步，我都要相当理性，每一步都争取做出在当时情况下的最优解。

经过这些年的风雨人生，我早已明白，生活就是一团乱麻，但是那些出类拔萃的人，用全部耐心和智慧将难题解决，并率先进入了下一个更加波澜壮阔的场景。

七、绝不毫无保留地信任任何一个人

在我职业经理人的生涯中，我总是追求老板的绝对信任。现在我已经知道，那些经历过枪林弹雨的人，不可能无条件地绝对信任任何一个人。

一个从家庭、认知和困境的泥潭里爬出来的人，不但要和命运抗

争，要和内心的蠢蠢欲动的自我抗争，也要和人性抗争。

你一生打多少仗，可能就会遇到多少辜负你信任的人。朋友、亲人、被视为忠诚的下级，你曾经在黑暗中无私援助过的人，因为种种原因，都有可能成为你的"敌人"。那些在关键时刻弃城而逃的、没有经历过检验的、在人际关系上习惯性抱怨和推卸责任的人，都不能真正交付信任。

上下级正确的信任姿态只能是：

1. 在战斗中找到可以托付的人；

2. 托付相当一部分信任；

3. 不断检验，同时在战斗中逐步追加信任；

4. 如同放风筝一样，信任再高，也要有一根风筝线牵着；

5. 需要漫长的时间建立完全的信任。

八、人不会永远有屋檐可以避雨，你必须成为自己的屋檐

孩提时代，你觉得父亲像变戏法一样，手里总能变出更多的糖。等到成人的时候，你才发现，父亲手里可能只能拿出那么几颗糖。

你可以在屋檐下避雨，但是总有一个时刻，你会发现自己已经成为屋檐。环顾四周，到处都是依赖你的人，而让你依赖的只有你自己。在这个时候，你就真正地从生理学意义上的成年，进入了心理学意义上的成年。

在面对一个艰巨的战斗，或者在承担一个企业、一个部门、一个家庭的重托时，这种感受尤其沉重。

一个人给你付出有限的信任，你必须用确定性来回报。如果有人负责，那你就跟随；如果无人负责，那就让人跟着你上。你常常要在没有足够资源、足够激励的情况下完成使命。

任何时候都不要依赖他人，任何时候都要有第一负责人的心态。假使一架飞机有四个发动机，你要成为在任何时候都不会出问题的那个。

一个人，不要总觉得自己只是分担使命的一部分。

一个真正的成年人，任何时候都要独立地承担使命，以准备好在所有发动机出现故障后，能带着所有人胜利返航。

九、做一个真正的专家

在一个人选择了自己的职业后，就要尽快试图建立自己的影响力，应该在自己从事的行业里成为一名真正的专家。

1. 真正的专家，不是夸夸其谈的理论家，也不是百度一下，在搜集了一些肤浅的资料、掌握了一些术语后，就开始"教育人"的人。

2. 真正的专家，要去打胜仗，要去打能让自己记得住的败仗。

3. 真正的专家，站在最前沿，也站在第一线。当一个人无法承担风险，真正体会决策失败带来的痛感，他就不会是真正的专家。

4. 真正的专家，要在数据中看到趋势，在杂音中听到机会，在前线中听到炮声，在决策中感受疼痛和喜悦。这样的人才可能是真正的专家。

5. 真正的专家，还要善于跨界，要在其他学科和领域里同样形成自己的洞见。跨学科的经历可以给人丰富的灵感。

如果你是一个老师，那就成为一个名师吧；如果你是一个会计，那就成为一个可以托付信任的财务专家吧；如果你做新媒体短视频，那就要了解短视频平台最头部的那些人的运作逻辑，成为一个头部的"大V"。

一个人想成为什么样的人，才能成为一个什么样的人。有些人相信自己像浮萍，那就只能任风摆布；有些人坚信我命由我不由天，那命运有的时候确实会对你无可奈何。

我们不想在这个世界上白活一回，都希望自己能在某些地方留下自己的印记。每个人都应该渴望因自己的出色和灿烂而被人记住，成为文明进程里哪怕闪烁过一瞬的星光。

我们的一生，应当有这样的愿景。

十、一定要广结善缘

摸爬滚打到现在，我将广结善缘视为生命中一条重要的规则。

要建立一个跨界的、庞大的、头部的朋友圈。必须要有广结善缘的主动性。对此，我获益匪浅。我接近过很多人，他们的勤奋、谦卑、真诚、厚道、自律，给我留下了无比深刻的印象，如同星辰一样照亮了我。

十一、绝对不要做一个批评家

每个事物的运作都有它的逻辑可言。当我创业后，我见证到了企业家的种种艰辛，此后回味当年的指点江山，就感觉到相当羞愧。因为每一个被广为批评的事物，背后都有其逻辑可言，都有其不为人知的艰辛。

我的创业经历对我的人生观塑造远甚从前。我不再寻求改变某些人，我也不愿意站在某个更高的立场去批评某些身处困境的人，如果我有余力，我就拉一把。如果没有余力，我就做啦啦队中的一员。如果离得太远，我也绝对不会落井下石。这个世界所呈现出来的不是这个世界的全部。哪怕信息再丰饶，再接近所谓的事实，它也仅仅是真相的一部分而已。

十二、绝不辩论，也绝不回应质疑

我做过中国最大博客平台——是新浪博客的实际操盘者，曾经参与和发起过众多议题设置。在短短六个月的时间里，一个崭新的频道成为流量巨大的、互联网公司的第一大频道，每天的访客达千万人之巨。那时候我深信对话、辩论、公开的回应，大有建设性。

但我现在不这么认为了。人和人的认知云泥之别，很少有两个人能够在同一个语境中展开对话。很多对话都只是各说各话，你无法改变一个人的立场。每个人都在拼命搜刮有利于自己立场的证据。受众也在最初观看一场角斗的时候，坐稳了自己的立场，很难发生根本性的改变。

我也曾经被非议过，有一些是无稽之谈，有一些是捕风捉影，我曾经身心俱疲地回应过，但后来发现这些无济于事。在经历了一轮又一轮的飞短流长后，我意识到，不回应就是最好的回应。

误解一旦产生，它就永远产生了，此后只能随着时间的流逝而消弭。任何辩解，都只能给看客带来新的吃瓜素材。在理性无法深耕的土地上，人们习惯聆听率先发声的人，并且先入为主、指手画脚。

在不确定性的大雾里安全抵达目的地

1. 不确定性是常态，所有的增长和机会都藏在不确定性当中。

2. 从不确定性中获益是目标。

3. 不要恐惧不确定性，要学会与不确定性为伍。

4. 要对不确定性有敬畏心。面对完全超出自己认知的不确定性的时候要极度谨慎。可以把不确定性比作一场大雾，在伸手不见五指的大雾中不要飙车，以免导致无法挽回的伤害。要学会冷静观察，小心试探。

5. 大多数人在止步不前的时候，对于你而言可能是一个机会。在可以承受损失的范围内，不妨勇敢一些。

6. 不确定性由风险、机会和确定性组成。要寻找到不确定性当中最有确定性的东西。市场再差，也会有交易双方形成共识的东西。找到那些头部的、安全的、稀缺的、有辨识度的东西，果断下注。

7. 不但要在单次交易中设置一个止损线，更要设定自己、家庭和企业的基本储备线，确保基本储备不能低于安全线，哪怕遇到特别大的诱惑。

8. 总是有高手能够掌握或部分掌握这场不确定性的大雾的规律，接近那些人并和他们协同作战。他们对风险、机会、投入产出比、风险共担都有深刻的理解。他们是所有不确定性当中最大的确定性。

9. 现金为王。

10. 不确定性不可怕，怕的是高度确定的风险，怕的是风险弥漫，信心全无。在某些时刻，必须选择"躺平"。"躺平"从价值观角度而言毫无建设性，但在方法论上，有其相当积极的意义。

变量思维

拥有变量思维，一个人就会变得像磁石一样具有吸引力。

不要根据你拥有的资源、认知、能力去定义一件事情的可能性。

你要根据你的目标去配置、去拓展你的资源、能力和认知。

不是因为你有什么，而是因为需要你有什么。

在一个拥有变量思维的人看来，一切都可以成长，一切都可以为我所用，人的能力是没有边界的，人的可能性也是没有边界的。

一切皆有可能。

到底什么样的人容易成功

在二十年的职业生涯中，我见过无数的成功者。所谓成功者，有很多维度，但我习惯从影响力维度判断一个人是否成功。这些成功者形形色色，有着完全不同的个性。但仔细观察可以发现，他们也有很多共性。我可以试着为成功和成功者画像，或许对大家有所启发。

1. 周期。周期对塑造成功者影响最大。

2. 思维方式。成功者大多愿意承认自己的不足，善于学习，不惧怕挑战，不给自己设限，善假于物，对新生事物拥有强烈的好奇心和饥饿感，常常能够与时俱进。

3. 他们都极度渴望成功。能成功的人，拥有极其清晰的目标，强烈地希望自己能够与众不同，拥有持续不断的自驱力。

4. 他们都有一种或几种核心能力，或技术，或技能，或手段。他们在某些方面深度学习，是真正的专家。或者他们找到了突破点，能够让一门学科、一个行业、一个企业呈指数型增长。

5. 他们都极其勤奋。我没有见过任何一个真正成功的人是懒散的。他们像一个永不停止的发动机，不停地探索。

6. 他们都极具韧性。遭遇坎坷挫折无数的孔子、屡败屡战的曾国藩、高位截瘫的张海迪、罹患癌症的稻盛和夫、三次创业才取得成功的张一鸣，他们经历过常人无法忍受的痛苦，韧性十足，一次次被打压，又一次次重生，就像好莱坞大片里埋在废墟的男主，最终从废墟里爬出来，成就了"超我"。

7. 他们的人生均非坦途，一般而言都没有抓到一手好牌，但他们利用资源的效率很高，在长期的探索中经历过不少错误，甚至遭遇过重大的失败，他们对钱、对信任、对风险都有着与常人迥然不同的理解力，不断地寻找万事万物成败的规律，并将观察变成自己的一部分，实现了认知的不断进化。

8. 他们不断塑造自己的朋友圈，在人际关系上有超链接，敢于求助，善于求助，也全力以赴地帮助和他旗鼓相当的人。

9. 他们不是完人，性格上常常有缺陷。他们不追求在所有方面都获得一个大致良好的平均分，但是在某些能够产生重大价值的方面敢于冒险，敢于下注、敢于殊死一搏，常常创造出巨额收益。

10. 聪明人和他们沟通成本很低。因为他们坦率、真诚，不追求表面的善意，不一定会照顾他人的尊严和面子，对所谓面子通常不屑一顾。他们有可能粗暴，也有可能可爱，与他们接触，他们能迅速地给你留下深刻的印象。

11. 一般而言他们坚信常识、逻辑和理性。不寻求改变无法改变的人，不在无法产生价值和影响力的地方浪费时间，喜欢对等和向上兼容。他们还常常因为有跨界的朋友圈和学识，产生很多匪夷所思的奇思妙想，并在日后一举扭转现实。

12. 一个人无法在一生中取得所有战斗的成功。如果人生是一场战役的话，成功是一城一池的得失，是一场场的战斗。一个人能取得这些战斗的胜利，常常还有一些运气的成分。

我理想的成功：敬天爱人、自利利他

每个人对成功都有不同的定义。我对成功者的定义有以下五层含义。

1. 要做成功一两件大事，根本上改变了自己、家人或者很多人。

2. 要具备影响力。一个在某个行业里成功建立起影响力的人，才有资格说自己是一个成功者。

3. 一定要经历过失败，甚至重大的失败。一个没有经历过失败的人，无法理解成功，也无法被更多的人理解。也就是说，成功不仅仅意味着功成，更是一个系统性、周期性的事物。它具备偶然性，但绝非偶然性能概括。真正的成功与成长有关，与思维模式有关，与价值观有关，与认知有关，与可持续性有关。成功与其说是一件事情，不如说是一种模式。

4. 一个真正的成功者要有所敬，有所畏。一个人取得了一点成功，就以为自己"手可摘星辰"，万事万物都不在话下。那不是真正的成功。因为做事既无底线，又无上限。不知道谨慎为何物，也不知道谦卑为何物，颐指气使，功成皆在我。这哪里是成功呢？这不过是灾难的序曲，是命运的猫在捉一只老鼠前的戏弄而已。

5. 所有的成功都应该是一群人的成功。一个人的成功，不叫真正的成功。一个功利的，毫无利他之心的人就算当了很大的官，赚了很多钱，没有分享，没有影响，没有回响，也不过仅仅是发了点财罢了。稻盛和夫说要敬天爱人，要自利利他。这不是对成功的定义，但如果有八个字可以定义成功，那我愿意用这八个字来形容我理想的成功：敬天爱人、自利利他。

不同的认知，会看到不同的风景

决定成年人发展道路的不是单纯的智商，也不是情商，而是认知。

一个人的认知是自己过往所有经验和教训的总和，认知高的人的认知则是更多人经验和教训的总和。

每一个认知高的人几乎都要经历认知的四个阶段，才能够不断成长。这四个阶段是：你不相信你看不到的、你只相信你看到的、你相信你没有看到的、你相信你看不到的。

认知无所谓好坏，但有高低之分。一个人在山下看到的，和在山腰中、山顶上看到的并不一样。

最重要的，认知不是孤立的头脑中的观念，而是心甘情愿相信的、是身体力行坚持的。否则，认知不过就仅仅是他掌握的知识和念头而已。

一个人之所以成为今天的人，是由读过的书、见过的人、经历过的事情共同积累而成的，有时候是你的老师们共同构成的。一个人富裕或贫穷，疾病或健康，善良或邪恶，很多时候也是认知的产物。

那么，如何提升自己的认知呢？给大家分享四个方面：

1. 从自发到自觉，开始能分辨人生的目的。

2. 从做心甘情愿的事到心甘情愿地做事，开始分辨何为正确。

3. 从已知到可知，开始走出经验。

4. 从自以为是到自以为非，开始觉察自我。

认知高的人，有八个特征

认知高，不会写在一个人的脸上，但却会体现于言行当中。

1. 认知高的人，常常能彻底地接受现实，并想办法让有利于自己的部分越来越大。

2. 认知高的人，会在生活、工作之外，安排出相当的时间去学习。他们的学习模式是随时随地的，他们获取信息的密度、深度、广度都与平常人在量上有着极其巨大的差异。

3. 认知高的人，向前看，向积极面看，绝不内耗。

4. 认知高的人，被命运随机分配的不公、艰辛可能要远甚于他人，但是他们在经历短暂的惊慌失措后会奋起直追，绝不言败。

5. 认知高的人，能够向下兼容，也能向上兼容、向左向右兼容。兼容是同情心和同理心的总和，人们总是对远处的人产生同理心，对不如自己的人产生同情心，却不知道兼容才是真正的美德。比你强很多的人更能理解温和、感恩、宽厚这些词汇。他们不会道德绑架你，不会情感勒索你，不会轻易生发羡慕妒忌恨。他们深知每个人一路走来的不易，不会让你孤立无援，不会平白无故产生恶意——恶意常常产生在你亲近的人身上，或者你曾经极大程度上改变、帮助和成就过的人身上。认知高的人能感恩所有帮助过他的人，理解有怪异观念的人，原谅伤害过他们的人，亲近美好而简单的人。

6. 认知高的人，会让你意识到，在弱肉强食的丛林、人声鼎沸的菜市场之上，有一片星空，那是由常识、理性、逻辑和想象力组成的另一个世界。

7. 认知高的人，会让你意识到，一个平凡的人完全可以不陷入平庸。

8. 和认知高的人的沟通成本会很低，你相信他，他也会全力以赴。

认知低的人，总是随机去抓救命稻草

1. 认知低的人有一个非常大的特点，不愿承认自己有错误。如果发生错误就推到他人或客观情况上，不但无法察觉自己的错误，更可怕的是即便撞得头破血流，他依然继续强化自己的错误。这是因为他的思维模型非常少，而且无法兼容更高阶的思维模型。

2. 认知低的人喜欢非黑即白、非敌即友、非好即坏。认为敌人的敌人就是朋友，认为自己看不惯的就不应该存在。他们不知道这个世界的复杂，不知道掀起一场灭眼镜蛇的运动不但让眼镜蛇越来越多，还会带来其他生态灾难。不知道这个世界上的万事万物是共生关系。

3. 一个认知低的人不会学习，他只会一遍遍强化和僵化他那少得可怜的认知，还狂妄地认为没有自己不知道的，也不认为自己会犯错，因此拒绝纠正错误。

4. 无法兼容他人。复古的觉得简洁层次不够，简洁的认为复古烦琐……本质是认知不兼容，实质就是认知低的表现。他们的带宽不够，内存不够，无法兼容。

5. 喜欢先入为主，然后搜罗证据证明自己。

6. 讳疾忌医，热衷于做鸵鸟。他们对发现问题的恐惧超越了问题的本身，习惯把更多注意力放在情绪本身而非事物本身上。

7. 受迫害妄想，总觉得被别人欺负。

8. 坚信天上掉馅饼，觉得发财指日可待。

9. 阴谋论，不习惯从信息中找事实，但习惯按清宫戏的套路，编织一个能自圆其说的阴谋。

10. 盲目崇拜权力。他们敬畏权力，而缺乏悲悯。他们听风就是雨，人云亦云。

11. 喜欢在怪力乱神中抓救命稻草，与理性、科学、逻辑、常识绝缘。

12. 道德至上，有一种莫名的道德优越感。

13. 习惯被投喂信息。他们要么只相信他们看到的，要么只相信他们喜欢的，要么只相信大声的，要么看到什么就相信什么，却不懂逻辑、理性、常识和论据为何物。

不要和认知不同的人辩解

为什么不和认知不同的人辩解呢?

1. 沟通成本太高。花在辩解上的时间完全可以用来完成更重要的事情,况且与认知根本不同的人,几乎是无法形成共识的。

2. 认知低的人常常立场先行。凡是有利于他的信息,哪怕是假信息,他也如获至宝,而不利于他的大量信息他要么怀疑造假,要么选择性略过。

3. 认知低的人很容易情绪化。他把与自己观念不同的人的辩论,视为对方对他尊严的挑战。你说一句他说十句,最后辩论往往会变成吵架。

4. 重要的目标是做出来的,不是辩论出来的。一旦发现对方总是抬杠,果断停止辩论,或应付附和几句之后,转身去忙更重要的事情。我们的注意力只应该放在最该放的地方。注意力是非常宝贵的资源,不应该消耗在无关紧要又无法改变的人和事物上。

市场永远是正确的

市场由大众组建、构成，不受个人意志左右。

1. 市场总是不确定的。

2. 市场总是正确的，不要质疑市场。

3. 人们总是对市场缺乏敬畏心。

4. 人们总是从经验中得到的经验比从教训中得到的教训更多。

5. 政策变化也是市场的一部分，不要将政策和市场孤立开看。

6. 要接近那些经历过多个周期，以及在一个周期里有过"过山车"经历的人。

7. 一个坚信长期主义的人，可能只是恰巧赶上了一个稳定的周期而已。

8. 可以被市场打败，但永远不能被市场摧毁。要设立好底线。

做一个理性的感性主义者

理性与感性并非一直对立，绝不能用"一体两面"来形容理性与感性。

我们的身体、思想、情感，都是一个容器，理性与感性交汇其中，滤掉任何一种，都不再完整。

理性教我们尊重逻辑，看清现实，明晰目标；感性让我们拥有温度，敢于表达，嬉笑怒骂，有血有肉。

有时我们分不清快乐或痛苦的感受，究竟是来自理性还是感性。这样的时刻，酷似沉浸于"对与错"的茫然中。客观地看待"对与错"，便会像下围棋一样对待理性与感性——盘中哪些是黑子、白子，一目了然。

对待未知时，要坚持以理性为主。而对于生命本身，不妨更感性一些，不用过度计算每一次微观琐碎的得失。

对于重要的事情，必须坚定地乐观。但在目标尚未达成之前，要保持足够的悲观，做好预案，防止最坏的、不可解决的状况发生。

大部分时候，面对生活上的柴米油盐，工作中的疾风骤雨，都要在第一时刻迅速看清现状。无论你是一个人，还是代表一个家庭，抑或一个团队，都要学会精密计算，确保所有人不立于危墙之下，能够走出命运安排的一个个泥潭。

但生命的不同时刻和阶段，拥有不同的意义，不能都用来与世俗共舞。夜深人静的时候，无论是往事浮现，还是梦想闪光，我们都应该允许自己的身体或灵魂，在最初的理想国度摇曳片刻。要有神仙气，也要有烟火气。要成事，也要学会接受失败。要高度自律，也可以允许一次不计得失的付出，比如从世俗角度看来并无建设性的嗜好发生（像偶尔喝二两白酒）。要亲近那些给予你能量的人，也要对这个世界的失败者，有不只片刻的悲鸣心和共情力。在人声鼎沸的时候歌唱，在陷入绝境的时候与周围的人拥抱。允许在一个沉闷的午后，海啸发生。

做一个超级现实主义者

1. 永远要接受现实。情况已经发生了，这就是现实。少问为什么（why），多问自己怎么办（how），这是一个超现实主义者的第一原则。

2. 从现在开始，你每一步都为最大限度减少损失而努力。

3. 你必须调动所有的资源、认知等，在关键的节点，做唯一正确的选择。你应该坚信，在你看不到的地方，有一把钥匙在等着你。

4. 你必须减少或停止情绪上的任何内耗。除了让事情更糟糕，毫无意义。

5. 超现实主义者意味着，你要接受最坏的情况最终发生。

人生需要做好的五件事

我们的一生，无非就是做好以下几件事情：

1. 管理好自己的身体。

2. 管理好自己的情绪，消除精神内耗。

3. 服务好自己的家庭，让家人生活幸福。

4. 做好本职工作，做一两件了不起的事情。

5. 在力所能及的情况下服务社会，帮助他人。

人生的加减乘除

人生的加减乘除，就像汽车的油门和刹车、方向盘与转向灯，可以让我们更好地前行。

我认为的人生四种基本方法如下：

第一，加法。不断学习，拓展人生的边界和深度。

第二，减法。拒绝诱惑，学会断舍离。

第三，乘法。调动所有的资源、信息、认知、朋友圈，聚焦在根本的事情上，协同作战，事半功倍。

第四，除法。不断在自己和他人的经验教训中抽象出自己的原则，不断优化。如果这些原则能惠及他人，则是再好不过的了。

想"躺平"，要先想到梦醒之后

1. "躺平"是大多数人的期望，但大多数人显然不具备"躺平"的资格。

2. 有资格"躺平"的人，可能恰恰是最不"躺平"的那群人。

3. 你可以一时"躺平"，但不可能一辈子"躺平"。"躺平"是以牺牲个人的将来以及家庭的前景为重要代价的。

4. 可以"躺平"的人，要么家底殷实，要么清心寡欲，要么有人替他负重前行。——但这仍然不是一个人可以随便"躺平"的理由。上升的时候太艰难，而坠落的时候，却又太容易。

5. 即使把自己放得再低，也是一名完整的社会人。只要是社会人，你就得承担起对自己、对家庭、对社会的责任。完全放弃所有责任的，实际上就是巨婴。

6. "躺平"是一场黄粱美梦，但梦总有醒的时候。醒来的那一刻，即使再不情愿，也要挣扎着站起来，走出门去开始奋斗。

7. 我一直对"制造焦虑"这个说法心怀警惕和质疑。指责别人"制造焦虑"的，不过是被准确点到了痛处而已。一个充满机会与陷阱、通道有上升有下降的社会，有焦虑再正常不过。我从未见过一个有责任和担当的人不焦虑的。重要的是，你要去努力接纳焦虑、与其共处，而非拒绝和逃避。接纳才能改变，拒绝毫无意义。

8. 那些在校园里珍惜时光、拼命学习的学子，那些奔波于大街小巷匆匆忙忙的快递员与外卖小哥，那些苦苦挣扎的中小企业主，那些在朝九晚五外挤出时间学习新技能以期改善生存处境的职员……无数个他们，推动了国家和社会的欣欣向荣。

9. "躺平"作为一种价值观，不值得提倡，但作为一个方法论，有时也具备一定合理性。比如，在充满不确定性的时代，慢就是快，小就是大。一只鹰，不是任何时候都要出击。在"躺平"时，它冷静观察，养精蓄锐，寻找和静待猎物，接着在最关键的时刻，完成致命一击。不甘于"躺平"的人，要选择成为鹰那样的"猎手"，即便在"躺平"的间隙，也不忘从高处俯视观察，不断寻找最重要的机会。

让人疲于奔命的"精益求精"

真正的内卷是如下：

1. 上级低水平决策带来的员工的疲于奔命。

2. 下级为了应付上级的无意义的"假勤奋"。

3. 企业领导人不追求"里子"而追求"面子"的形式主义。

4. 会议中不恰当的议题设置和议而不决带给所有人的身心疲惫。

5. 跨部门合作的各自心怀鬼胎，无法协作。

6. 不产生任何价值的所谓"精益求精"。

7. 上级或下级发现了问题，却都不解决问题，而是掩盖问题，或者解决提出问题的人，也是内卷的常见形态。

8. 产业链上下游、合作伙伴之间、合伙人之间、投资人和被投企业等彼此法务设置的陷阱，就像电影《东成西就》互相下蛊，然后互相敲鼓让对方肚子疼的戏码，这些都是真正的内卷。

尽心尽力，对自己负责

当我们说"尽心尽力"的时候，我们究竟在说什么呢？

尽力，其实就是投入足够的时间。

尽心，是在解决难题的过程中不断提升自己的认知，让自己的认知不断进化，如从一个小井口到大井口；如从一座山的山底到腰部，再到顶峰。同样的一个难题，认知程度不一样的人在尝试解决时展现的能力也是不一样的。一个人的认知水平越高，解决难题的能力越强。

这个世界不存在不会做、不能做，只有不想做、不去做。

那些声称自己做不到的人，实际上是投机取巧的人。他们只是想通过表达自己无能为力来拒绝一个工作安排而已。他们只是自以为很聪明，觉得可以逃避掉一件又一件的工作任务而已。

但是"剧终"的时候，结果不会撒谎。

什么是真正的能量

　　没有被滥用和污名化的正能量，就是能在某一刻温暖你、富足你、激励你、点燃你、让你变得更好的能量。这种能量不一定要以你喜欢的形态呈现给你。有时候你会相当抗拒。但它们如果在某一刻推动你，让你意识到你必须改变自己，向那些更优秀的事物、人物看齐，它们当然就是正能量。同样，有些让你觉得飘飘然，如沐春风的话也未必就是正能量，它们有可能是谎言，有可能是安慰剂，还有可能是毒药。从这个意义上来讲，它们才是真正的负能量。

人生六力，一个都不能少

愿力、心力、体力、注意力、努力、耐力一个都不能少，而且要坚信它们都是后天习得的产物。

1. 愿力，其实就是目标力。过去有句话讲，有的人立常志，有的人常立志，立常志比常立志当然价值更大。一个极度渴望成功，将成功具象化的人，一刻也不会忘记目标，也会通过努力更接近成功。

2. 心力也很重要。所谓心力，就是让自己免于精神内耗的能力。无论遭遇什么样的挫折，人都应该以宁静为旨归。

3. 体力是我觉得特别重要的一件事。一个人想要体力好，不仅要有对身体的正确认知，还要把这些认知变成习惯，比如早睡早起、生活方式改善、运动，等等。我记得我初入职的时候，上级陈彤说他最喜欢用两种人：第一身体好；第二记性好，这句话对我影响颇大。

4. 注意力也至关重要。一个人最重要的资源就是注意力资源，要善待这些注意力。大部分人的注意力分配不自觉，始终不能分配给主要、重要、紧要、险要和必要的事情。除了这"五要"，其他都可有可无。

5. 努力也很重要。大多数人的努力，都是三天努力，三分努力。但是日本经营之圣、人生之师稻盛和夫说，要付出远超于他人的努力，这是他的价值观和方法论，也是我坚信的原则。

6. 还有一个是耐力。小时候我读曾国藩的书，提及他呈给皇帝的奏折，幕僚起草的是"屡战屡败"，他改为了"屡败屡战"，当时以为他在玩文字游戏。但随着年龄渐长，我越发明白，那哪里是一字之差，那是曾国藩心境的彻底进化，结硬寨、打呆仗，不抛弃，也绝不放弃，这需要何等坚韧。

绝大多数事情可以通过谈判解决

成年人世界里的通用语言就是利害。

就像韩寒电影《后会无期》里边的一段故事：三个年轻人去闯荡世界，途中住旅馆，遇到"仙人跳"，陈伯霖饰演的江河想劝女生从良。女生的江湖大哥却说出一句金句"小孩子才分对错，成年人只看利弊"。

虽然这话说得有点简单粗暴，却也道出了成人世界背后的某些规则。

哪怕一个再难搞的人，也一定有他的核心利益诉求。在遇到事情的时候，不要慌张，不要过度焦虑，要坚信大部分事情可以通过谈判去解决。要搞清楚对方真正的意图，以及对方和自己的底线，不停试探、不断磨合，有时候还需要一些情绪化表达，直到你想尽一切办法找到共同点。

同理心更高贵

同情心有时会显得廉价，但同理心永远不会消失。

同情心容易，同理心难。

同情心常常是向下兼容的能力，而同理心，则需要向上向下向左向右去兼容。

同情心常常出于本能，同理心却要有相当的认知能力才可以做到。同理心是一种大多数人不具备的高级情感。

一个拥有同情心的人常常被视为高贵的人。但我认为，有同情心的人固然可贵，但那些有足够兼容能力的有同理心的人，才更珍贵。

恶意常常来自身边的人

菜刀最容易伤到手指，虽然更多时候它帮你制作美食。

恶意常常发生在身边亲近的人身上。

常常没有来由，又或仅仅是他觉得你比他过得好，又或仅仅是因为他觉得你给他的不如他想象得多。

如果你看不惯又干不掉一个人，那你就给他打个低分吧。大多数人都是这么做的。

人们总是在不安和不幸当中选择不幸

我们时常刻意忽略不安发出的信号，抱着侥幸心理，最后一次次为不幸的后果买单。

四年前我们的一个版权很快就名花有主，被影视公司买走电视剧改编权。不久后一位有潜力的导演看上了这个故事要做电影，就找到了我，表达了强烈的喜爱之情。

其实从内心来说我感觉不太适合改编电影，就没有拿电影版权，但在导演的恳切要求下我专门为他买了电影版权，我知道这故事商业性不够，偏小众文艺片。

从市场前景和开发的不确定性来说是有风险的，但是考虑到导演的才华和潜力，以及他对这个小说的喜欢程度，我虽有隐忧但也不好意思拒绝，虽有犹豫还是出了这笔钱买了小说电影版权。

我们并没有跟导演有任何文字协议，导演方只出智慧不用出资金，成本我们承担，凭君子协定就开始了开发。开发过程比较曲折，反复多次，导演后来也没有了积极性，最后无疾而终，我们承担了成本。

还有一个很有影响力的头部大IP，当时有一位知名导演很喜欢，想跟我们合作。其实按照商业规则，对方必须得先付版权费才能进入有效合作，或者至少要付一半版权费。

但因为对方是大导演，在影视行业的段位也比较高，公信力行业皆知，项目也未来可期，于是两生欢喜一拍即合，没让他付版权费就答应合作要求。

接下来的几年，开发断断续续，似乎并没有被作为导演看重的项目紧锣密鼓往前推。行情也在不断变化，从他们的态度和进度来看似乎是可做可不做的项目。

于是五年过去了，剧本依然没有成型，版权到期，我们不仅损失了一个好项目，还在资金上损失惨重，后来我们再想续约，价格已经高达1000多万元。

其实中间我也有过担心，就凭君子协定如果出了意外，是没有法律约束的，这种损失将会由我方独自承担。但是也会想，大家都是君子，有很多共同的认知，相信不会有意外。

但是事与愿违，该发生的还是发生了。现在想来可能是出于鸵鸟心理，不太愿意面对比较残酷的可能性，或者要面子，怕被对方认为我们以小人之心度君子之腹，因而没有及时补救，比如签订违约协议、补充违约条款。

现在想来，其实对于人性不能心存侥幸，当一方违约没有成本的时候，不幸必然降临到另一方。没有法律效力的约定，最后我们只能承受巨额损失的不幸。

重复博弈中的善良

善良，也可以是一个人的"武器"。

美国著名科学家罗伯特·阿克塞尔罗德（Robert Axelrod）自1970年开始，通过一系列计算机模拟、人机对抗等科学实验证明：在连续和重复的博弈中，胜算最大的要素是善良和宽容，这种善良在短期博弈中也许会吃亏，但长期一定能得利。善良和宽容的人也许会输掉一场短暂的战役，但一定可以赢得一次长期的战争。

什么叫重复博弈中的善良呢？

从不首先背叛，这也是著名的"针锋相对"（tit-for-tat）战术的特点，基本行为准则：在第一回合，不管对手是谁，都会默认选择合作，之后，每一回合的行动则取决于对手上一回合的表现，对手背叛，我背叛；对手合作，我合作。

但是也确实有一种人，在他们的框架中，你对他的所有付出，他都视而不见。他对你却是无尽的要求。只要有机会，他总是把自己当成受害者，歇斯底里，挑剔，甚至威胁你。这样的人，要么让他离开，要么你就躲得远远的。你没有时间与他周旋。事实上，绝大部分人都不具备和他交往的能力。

因此，要注意避开那些利用你的善良"得寸进尺"的人。你要有足够的观察力，对于那些"得寸进尺"，甚至借机"勒索"你的人敬而远之。如果被迫发生交集，甚至对你造成了伤害，你必须要有能力给他致命一击。

学会善良，但不要软弱

善良让我们强大，而不是让我们看起来可欺。

善良和软弱是两回事。

真正善良的人有光芒，有底线，坚毅果敢。

软弱是一种心理缺陷，经常会毫无原则地选择，也会不明是非，容易招来祸害、是非。

每个人的善良必须划清界限，想清楚在哪些地方可以付出和让步，在哪些地方则寸土不让。对于侵犯底线的人要亮出红灯，不让任何人有可乘之机。

善良常常是无法改变的基因，但是我们都要学会如何不软弱，这是一个很艰难的自修课，否则我们很可能躲过了敌人的子弹，却会被自己的善良打倒。

你无法对抗周期，但可以提升自己

周期是"黑洞"，我们可以改变穿越它的速度与角度。

所谓命，是周期，是基因，是你无法选择的部分，是所有人或一部分人或一家人的业力，是存量。

好的周期，所有人雨露均沾；不好的周期，所有人如同在大海中沉浮。

你无法对抗周期。就像在一个上行期的股票市场，闭着眼睛都可以做出正确的决策，还可以号称自己是时间的朋友，相信长期主义。但在一个下行的股票市场，谁又能知道一些明星公司的估值甚至一夜腰斩呢？即使是穿越过好几个周期的号称股神的巴菲特也曾遭遇滑铁卢、损失惨重。

所谓运，是认知，是开放性，是可能性，是变量。一个人开放性越强，他越有可能提升自己的认知。

诚然，我们无法挑战"命"本身，所有人都在命运的牢笼里。但我们要坚信，命本身不会带给我们完全无法承受的伤害。如果一个人在遭遇重击后还能够从积极的角度思考，能够意识到这次灾难给予自己的训诫，并让这次反思成为本身的一部分，那么他就有可能提升自己的认知。而卓越的人，都会让自己的认知累积成一个庞大而精密的决策机器。只有这些拼命提升自己的人，才拥有逃离藩篱的梯子。

从这个意义上而言，确实我命由我不由天。这也就是即使遭遇重创，巴菲特依然可以在2021年取得900亿美元收益的一大原因。

要有能同时打赢两只怪兽的能力

人生就是"打怪兽"升级的过程。打完一个怪兽再走上另一条打怪兽的路。如果要同时打几只怪兽，那就需要分好优先级。

要培养自己能同时打赢两只以上怪兽的能力。

有的时候，你要知道，有的怪兽是你自己招惹来的。人的认知不到位，常常会给自己惹来无妄之灾。这就是人要一直学习的原因。

学习有很多个层面，有的是你的专业，有的则是关于生命本身。

一个人的一生，至少应该成为两个部分的专家——你的职业和你的身体的专家。

因为对身体认知不够，导致那些怪兽变成大怪兽，它们介入了你的生活，让你和家庭陷入"长夜"，这是非常糟糕的事情。如果在这方面的认知上不断精进，在战场上遇到大怪兽的可能性就会变小很多。

每一个想要学习的念头，
都是未来的你在向现在求救

因为工作关系，我和很多企业家、投资人、教育家、知名人士都有过接触和交流。那些具有影响力、事业上顺风顺水的人，都非常注重学习。

曾任湖南广播影视集团总经理、湖南电视台（总台）台长的欧阳常林就是一个非常典型的学习型的人。我和"欧台"熟识于我在盛大文学工作的那几年。当时，他经常约不同的年轻人，包括作家、制作人，甚至搜索引擎的专家等，和他们交流。他总是充满好奇心，你说一个事情，他就会有一堆问题等着你解答。在和"欧台"大量的交流中，我发现很多自己曾经坚信的事情，同样可能土崩瓦解。对于我而言，这是一个宝贵的学习过程。

欧阳常林这位持续学习的企业管理者、媒体人，在掌舵湖南广电期间，创造了湖南卫视"电视湘军"的奇迹，这一点都不令人吃惊。

如今是一个巨变的时代，国际风云变幻莫测，"黑天鹅"事件此起彼伏。很多行业的底层逻辑都在被重构，技术发展迭代的速度也越来越快，互联网1.0言犹在耳，2.0尚如火如荼，3.0就蓬勃待出了。元宇宙、碳中和、超级IP、虚拟现实、虚拟偶像等层出不穷，蔚为大观。一个人不但应该成为本专业的专家，更要不断刷新自己的知识系统；不但要在本行业叱咤风云，也要跨界去掌握新的观念。

在一轮一轮的学习周期中，我们要不断努力获得进入下一个周期的通行证。

没有一个人的经验值可以保证他在下一个周期内不被怪兽打倒。

要想在未来拥有立锥之地，就要拼命地学习。要站在明年、后年，甚至更长时间的场景下回望当下。

俗话说，技多不压身。一个能在周期里自由穿梭的人，要在趋势中做事，要能体会潮流和潮流中每一个信号。你可以在某一个时刻"躺平"，但是不可能在所有时刻都"躺平"。在一个剧烈变化的时代，一个衣食无忧的精英也有可能一夜返贫。这绝不是危言耸听。

我们要居安思危，为未来的无数个周期提前行动：

1. 将更多的时间分配在读书上；

2. 将更多时间分配在与优秀的人促膝长谈上；

3. 将更多时间分配在对跨界事物的研究上；

4. 将更多时间分配在研究趋势上；

5. 将更多时间分配在迭代自己的技能上；

6. 在更多的人"躺平"的时候，你要拒绝随波逐流。

逆境是人生的试金石

顺风顺水固然好，但大多数人的一生都是波澜起伏的一生。命运不会因为你弱小就对你格外恩宠，当然，也不会因为你强大而退避三舍。如何看待逆境，如何从逆境中反弹，所谓的逆商，就至关重要。逆商有三个特点：

第一，永远不过高估计困境，坚信一切都在可控范围内；

第二，坚信任何情况下困境都不会持续无限长的时间；

第三，你要相信每个困境都有机会，都有方法，都有窗口期可以逃脱，你需要全力以赴地找到它们。

降外界龙，伏内心虎

人这一生，无非降龙伏虎，腾云驾雾。

所谓降龙，就是"打怪兽"升级。

所谓伏虎，大概就是要和内心的弱点做斗争。将一个或狂妄或自卑的自我打造成一个自省、不断学习和从创伤中恢复的自我。

人这一生，贫穷也好，富贵也好；健康也好，疾病也好；善也好，恶也好，常常与认知有关系。没有人不局限在一口井中，区别在于井口有多大。

告诉自己再坚持一天

身为一名创业者，我不但喜欢观察那些成功的创业者，也喜欢观察暂时遇到极大挫折的创业者。

那些能绝地反击的创业者，恰恰是在煎熬中鼓励自己再撑一下，哪怕是一天的人。

这种体验就像是跑步。我每天坚持跑四十分钟，最后的那十分钟是最煎熬的，可以说每一分钟都是筋疲力尽的。但喜悦来自最后的一分钟，虽然汗流浃背、气喘吁吁，但那不仅代表我完成了又一天的跑步目标，最重要的是，我接近了更健康的状态。

小的欲望，放纵即可获得；中等欲望，靠克制才能得到；而上等的欲望，则需要一天天地煎熬。

明天会更好，是一种信念

不但要活下去，还要活得更好。

如果真的失败了，就爬起来继续干。

明天会更好，不是安慰剂，是信念，是一刻也不应该忘记的信念。

狂风巨浪中，一定有幸存者。幸存者不但可以活下来，在经历了痛苦的撕裂过程后，还会与过去的自己有显著不同。

不要害怕恐惧和焦虑，因为恐惧和焦虑本来就是常态。要相信那些卓越的人一样会经历这些黑暗的时刻。学会享受这难得的旅程。因为并非每个人，都会有这样高峰的体验。

要日思夜想、拼尽全力地做一件事情。十八般武艺，全力以赴，相信感召的力量惊人，可以创造奇迹。

永远不要嘲笑他人的梦想

梦想，是每个人都拥有的星辰大海。

这个世界至少有两个东西你不能嘲笑：一个是出身，一个是梦想。

为什么不能嘲笑出身？因为这是每个人与生俱来的、不可控制的部分。每个嘲笑别人出身的人都相当浅薄。

为什么不能嘲笑梦想？当一个人小心翼翼地和你分享他的梦想的时候，他实际上对你是完全没有防备的，对你是充满信任的。

梦想无所谓大小、高贵或卑微。

袁枚写道：

白日不到处，青春恰自来。

苔花如米小，也学牡丹开。

所有的梦想都像深夜中的星光，桃之夭夭，灿烂得不可一世。

三里之外有金山

我们有时在挖井挖到水的前夜放弃了挖掘，在离一座金山只有三里之遥的时候停止了探索。

我们经常为经验和挫折所困，不认为每把锁都有一把钥匙，更不相信有的锁可能有两把钥匙。

我有一个朋友，某天身上突然起了无名肿毒，疼痛难忍。医院归来，吃抗生素和涂药，一周来毫无改善，疼痛甚至日益严重，以致夜不能寐。后来一个朋友建议他，可以尝试服用中药片仔癀、涂抹片仔癀软膏。这位朋友将信将疑，但又别无他法，于是抱着试一试的态度涂抹了，结果奇迹发生：当晚肿毒处火烧火燎、奇痒无比，第二天起床后再看，脓包竟然消除大半。

疫情防控期间，因为戴口罩的缘故，我频繁清嗓子，后来说话开始沙哑，几次去医院做了喉镜后，医生都说我声带上有一个小结节，需要手术。观察期间，沙哑日剧，可谓苦不堪言。后来一个朋友给我推荐了一位老医生，我半信半疑地跑到他那看上去并不正规的诊所。这位医生的治疗场所虽不令人信服，但他几十年的临床经验还是让我免了一场声带结节手术。在他的灌药治疗下，三个月后我便痊愈，沙哑没有再复发过。

这些故事都让我坚信，如果你遇到一个障碍，只要你拼尽全力地寻找，一定能找到一个更优解。在你一筹莫展的三里之外，解决方案也许正静静地躺着等待着你的发现。

第三章

成事：
高手的能量法则

我们都是寓言里的盲人，是在一只大象面前通过触摸，为大象画像的人

致"聪明人"

1. 一个致力于让平台离不开自己的人，比始终处心积虑于如何从平台捞取更多资源、为自己赚更多钱的人，能最终实现更大的财富收益。

2. 取悦一个人总是很容易，改变一个人的观念却很难。一些拥有无数追随者的"大V"，热衷于用重复、绝对、无须努力便可轻松获得的"秘籍"而瞬间让你有满足感，但事实上这种错觉，并不能让你有实质的、突破固有认知的长进，也掩盖不了你的一无所获。要想真正成长，你必须付出实实在在的成本，付出超于常人十倍、百倍的努力。

3. 我见过的最好的销售，真诚、勤恳，能够让我感觉踏实、靠谱，让我相信和他达成的交易物超所值，所以我心甘情愿地付费下单。他们会清晰熟练地介绍待销售的物品，但绝不会喋喋不休、恨不得让我即刻下单。他们会诚心诚意地帮我分析利弊，帮助我做出正确的决定。一个靠谱的销售首先是靠谱的人，他不会强迫别人买不需要的东西，他也不会不负责任地推销没有价值的产品。如果有人宣称他可以轻松把别人并不需要的东西卖出去，那他多半是个骗子，起码也是个有忽悠本性的不靠谱的人。

4. 不要在比你段位高的人面前耍小聪明。第一，对方阅人无数，身经百战，绝非傻子。甚至不出几分钟，对方便能将你的伎俩看得清清楚楚，而你也就丢掉了一个可能提携你的人，可谓得不偿失。第二，"小聪明"看起来精明，实则愚蠢，劳心劳力，内耗太多，常导致"出师未捷身先死"。

5. 不同人对同一事件有不同的解读，是再正常不过的了。观点不同，不等于对方"又蠢又坏"。很多持有相反观点的人，其实可能只是占有的信息不同，站位不同，个人的生活经验不同。

6. 很多持有相反观点的人，在观点之外的现实生活中，反而会表现出朴素、慷慨、乐于助人的一面，我们要不断尝试把一个人说的话，和他本人进行必要的区分。不必匆忙地把这些不同，当作价值观里不可逾越的鸿沟。

7. 真正聪明的人面对持相反观点的朋友，在发生意见冲突时，应从情绪回到情感，从假想回到现实，从碎片回到整体，从攻击回到拥抱……要爱具体的人，活生生的人，和你碰撞思想的人，而非那些巧言令色的人。

8. 追求局部正确而非整体正确；追求局部利益而非整体利益；追求自身利益，但不损及别人利益；把风险转嫁他人，容易落下个"聪明人"的名头，但谁都知道，这样的"聪明"，其实是最大的愚蠢。

9. 成功的人常常是很聪明的，但聪明的人不一定常常会成功。成功与选择、注意力分配、才能和性格有很大的关系。聪明只是其中的一个要素。我见过非常多绝顶聪明的人，但其中的一些人，只需要短暂接触，便可宣告交往的终结。

10. 切忌自恃聪明。自恃聪明的人，喜欢将所有的成绩归因于自己，而将失败归咎于他人与外界。自恃聪明的人，觉得一切赞誉都理所应当，他常常无法理解被挑战的缘由，无法去消化委屈和不公。

我们应该知道，所有你遇到的，无论好或坏，都是人生的一部分，你必须接受和面对。自恃聪明的人，很难拥有这样的经验。

11. 真正聪明的人，也要建立同理心。聪明的人，常常太过轻易地获得了过多的赞誉，而没有考虑到，单枪匹马其实很难在更广阔的疆域里驰骋。

真正聪明的人，会注重同理心的建立，也会注重对失败、挫折的真切体会。这一体验，越早开始越好；早至少年时期，就应该体验。

12. 真正聪明的人，不仅会从经验中获得经验，更会从教训中获得收益。而很多自以为聪明的人，他们从经验中获得的经验，要远远大于从教训中获得的教训，他们似乎有着顽固的"经验自负"。

屡败屡战、终身成长的曾国藩

曾国藩一生虽波澜壮阔，但绝非一路坦途。

其资质平平，连考七次秀才才以倒数第二名侥幸考中，以至于每年考秀才的时候省城的人都围观嘲笑。苦练湘军三年出关，却在首战大败于太平天国，无颜见人，三度跳水自杀。

苦心经营数十载，与太平天国决战在即，左宗棠、李鸿章等将领均战胜劲敌，将最重要的一战留给曾国藩，他却苦攻不下，以至于朝廷怀疑他在给太平天国"放水"。剿灭太平天国后，曾国藩声誉如日中天，被封为直隶总督，却又遇到"天津教案"，虽自认为秉公处理，无奈举世谤之，郁郁而终。

这哪里是那个晚清四大名臣之首？哪里是后人无不敬仰的曾文正公呢？

曾国藩的一生，不是一路顺遂，顺风顺水的一生，而是不断陷入绝境又咬紧牙关走出绝境的一生，是不断自我成长的一生。他结硬寨，打呆仗，屡战屡败却又屡败屡战，一次不行就两次，两次不行就三次，他用最笨的方法成就了后人心目中一等一的圣人。

我们用《终身成长》里边的成长型思维来对比曾国藩的一生经

历，会发现，正是思维方式的改变，让曾国藩把一手"烂牌"打出了"王炸"的效果。

一、能力到底是可以培养的，还是一成不变的

对曾国藩有所了解的人都知道。曾国藩出生于湖南省湘乡县（今湘乡市）大界白杨坪，地处离县城一百三十里的群山之中，那里虽山清水秀，风景不恶，但交通不便，消息闭塞。在曾国藩的父亲曾麟书之前，几百年间，这里连个秀才也没出过。

曾国藩从小就资质平平。有一次他在家里背书，家里进了小偷，他却浑然不知，而小偷就躲在房梁上偷听。不一会儿，小偷都会背了，曾国藩还没背下来，结果小偷着急了，走到曾国藩面前流利地背了一遍，然后扬长而去了。

曾国藩受到小偷的羞辱，更加发奋，但勤能补拙未曾在年少的他身上奏效。连续考了6次，都名落孙山。不仅如此，第6次落榜，曾国藩的考卷还被当成了"反面典型"。主考官（学使廖某）说，此文是文理欠通的典型，文笔尚可，道理没讲通，大家要引以为鉴。

试问，如果我们是曾国藩，接连6次失败，当庭被羞辱，我们还会再考第7次吗？我相信大部分读者的回答是否定的。

到底是什么力量支撑着曾国藩在连续挫败下，继续备考呢？

故事进行到这里，让我们引入《终身成长》书本里的一个问题：

人类的能力到底是可以培养的，还是一成不变的？

答案是：可以培养的。

很多像曾国藩一样资质平庸的人，一生也取得了成就。因为他们都有一个共性：拥有成长型思维。他们坚信，人的能力是可以靠后天培养的，他们用自己的一生证明了这句话。

二、在成长型思维的世界里不断改变自己

《终身成长》里提道："进入一种思维模式，就如同进入一个新世界。在其中一个个人能力固定的世界里，成功需要你证明自己的聪明和天赋，证明你自己的价值；而在另一个能力可以改变的世界里，则需要你不断提高自己，不断去学习新知识，不断发展自己的潜能。"

因为没读过什么书，入京为官以前的曾国藩，从气质到观念都是非常庸俗的。出生在普通农家的他从小所听闻的，不过是鼓吹变迹发家的地方戏；头脑中所想的，不过是功名富贵。读书是为了当官，在他头脑中是天经地义的。

进入翰林院后，曾国藩跟同行相比，才发现自己的学识之浅，自卑至极。

他认真研读明代大儒王阳明的《传习录》。王阳明少年时曾问自己的私塾老师："何为第一等事？"即什么是天下最重要的事？

塾师回答说："唯读书登第耳！"那当然是读书做官。王阳明却不以为然，回答说："登第恐未为第一等事，或（也许是）读书学圣贤耳！"

科场上的胜利不是最重要的事，人生最重要的事是做圣贤！

这句话让曾国藩醍醐灌顶。从此，他一举摒弃"升官发财、光宗耀祖"的传统固定型思维，转向了"学做圣人"的成长型思维。

从此，曾国藩就不再跟别人攀比，一生都在跟自己身上的弱点做斗争。

曾国藩在"穷山恶水"环境里成长，也不免沾染上种种恶习：心性浮躁、坐不住、为人傲慢、修养不佳、脾气火暴、言不由衷、虚伪等。针对"性情浮躁、坐不住"的缺点，他做了如下改变。

首先，就是要抓紧时间，不再"闲游荒业""闲谈荒功""溺情于弈"。

他下决心缩小社交圈子，改变在朋友中的形象，以节约社交时间用于学习和自修。但因为以前交游太广，不可能一下子切断许多社会关系，所以必须采取渐进方式："凡往日游戏随和之处，不能遽立崖岸，惟当往还渐稀，相见必敬，渐改征逐之习。"

但是，一个人想一下子改变久已养成的生活习惯当然不是那么容易的。曾国藩为人交游广阔，又十分享受社交生活，因此虽然立下志向，也难免有因为交游影响学习的事发生。

比如当年十月十七日，曾国藩早起读完《易经》，出门拜客，又到杜兰溪家参加了他儿子的婚礼。参加完婚礼后，下午本想回家用功，但想到今天是朋友何子敬的生日，于是又顺便到何家庆生，饭后又在何子敬的热情挽留下听了昆曲，到了"初更时分"才拖着疲倦的身躯回到家中。

当天晚上，他在日记中对自己下午没能回家用功而是浪费了这么多时间进行反省：何子敬的生日其实可以不去，但还是去了。这就说明自己立志不坚。"明知（何子敬生日）尽可不去，而心一散漫，便有世俗周旋的意思，又有姑且随流的意思。总是立志不坚，不能斩断葛根，截然由义，故一引便放逸了"，决心"戒之"。

及至十一月初九日，他上午到陈岱云处给陈母拜寿。饭后他本打算回家学习，结果在朋友的劝说下一起到何子贞家去玩，在那里和人下了一局围棋，接着又旁观了一局。在看别人下棋时，他内心进行着激烈的"天人交战"。一方面是想放纵自己一次，痛痛快快玩一天算了；另一方面却是不断想起自己对自己许下的种种诺言。终于，一盘观战未了，他战胜了自己，"急抽身回家，仍读兑卦"。

其次，曾国藩给自己规定了基本学习日程：每日楷书写日记，每日读史十页，每日记茶余偶谈一则。

这是必须完成的课程下限，除此之外，他还每日读《易经》，练习作文，整个学习的效率大为提高。

再次，控制情绪，知错就改。

"脾气火暴"让曾国藩在京初期惹了不少麻烦。

因为一件小事，为官的同乡郑小珊对曾国藩口出"慢言"。曾国藩与这样一个同乡兼前辈口角起来，破口大骂，并且用语极脏，这无论如何都应有反省之处。

儒家说改过要勇，更要速。反省到了这一点，曾国藩马上主动认错。在给弟弟的信中他说："余自十月初一日起记日课，念念欲改过自新。思从前与小珊有隙，实是一朝之忿，不近人情，即欲登门谢罪。恰好初九日小珊来拜寿，是夜余即至小珊家久谈。十三日与岱云合伙请小珊吃饭，从此欢笑如初，前隙尽释矣！"

最后，对于自己最爱犯的"言不由衷""虚伪""浮夸"，他也是高度警惕，时时自我监督，一犯就自我痛责，绝不轻轻放过。

有一次他到陈岱云处，"与之谈诗，倾筐倒箧，言无不尽，至子初方归"。当天晚上他这样批评自己："比时自谓与人甚忠，殊不知已认贼作子矣。日日耽著诗文，不从戒惧谨独上切实用功，已自误矣，更以之误人乎？"

我们可以看到，拥有成长型思维的曾国藩，更关心能否持续提高自己。

三、如何面对失败

《终身成长》中提道："在固定型思维模式中，一个人被失败击垮可能会是永久性的创伤，不会从失败中学习并纠正自己的失败，相反，他们可能只是去尝试着修复自尊。比如，他们会去找比自己还差的人或者责备他人、找借口。即使对具有成长型思维模式的人来说，失败也是一个痛苦的经历，但它并不能对你下定义。它只是一个你需要面对和解决并能从中学习的问题。"

我们熟悉历史的都知道，咸丰四年四月湘潭之战中，湘军水陆不足万人，与三万之众的太平军进行殊死战，十战十捷，以少胜多，歼灭太平军万余人。这是太平军兴起以来清军取得的唯一一次重大胜利，也是太平天国与清朝命运逆转的重要一战。

但这次胜利背后，是曾国藩一生中最重要的几次挫败的开始。

湘潭大捷其实是湘军两路部队之一，是由曾国藩部下领导。曾国藩领导的主力部队与太平天国首战即告惨败：湘军战舰损失三分之一，炮械损失四分之一。

对此，他既羞愤，又沮丧，水师船只经过铜官渡时，他一步跨出船舱，扑通跳进水中。不成功，便成仁，这是他早就做好的打算。幸好被多次救起。回到长沙，他给皇帝写遗书，准备二次寻死时，湘潭捷报才传来。

再往前看，曾国藩筹备湘军也是一路遇挫。

事情起因于咸丰二年腊月，曾国藩入省承担公事。

咸丰二年底，咸丰皇帝的一道紧急命令传到了荷叶。原来不久前太平军挥师北上，湖南各地，纷纷糜烂。咸丰皇帝情急之下，诏命在乡下老家为母亲守孝的曾国藩帮助地方官员兴办"团练"，也就是"民兵"，以保卫乡里。

曾国藩一到长沙，就展现出雷厉风行的办事风格。

曾国藩在自己的公馆里开设了一个"审案局"，专门审理社会治安案件。处理方法只有三种：一是立刻砍头；二是活活打死在棍下；三是施以残酷的鞭刑。

恐怖政策确实收到了一时之效，各地土匪不再敢轻举妄动，社会秩序迅速安定下来。奇怪的是，曾国藩勇于任事，没有赢得湖南政界的感激，相反却招致了重重怨怼。

成为众矢之的的原因，是曾国藩动了别人的"奶酪"。

权力是官员们的眼珠，是官员们的生命，是官员们的精神支柱，也是官员们灰色收入的主要来源，以及收获他人尊敬、巴结、攀附的唯一资本。

风波的触发点是练兵。

曾国藩不是军人，也从来没有摸过武器。但在接奉圣旨后的第十天，曾国藩就复奏，要在长沙创建一支新的军队。但这一利国利军之举，却差点让曾国藩送了命。

长沙副将清德在太平军进攻湖南时曾临阵脱逃，此时面对曾国藩却很勇敢。他不仅带头抵制会操，而且摇唇鼓舌，四处鼓动各军不要受曾国藩的摆弄。

行事至刚的曾国藩立刻给皇帝上了个折子，弹劾了清德。这是曾国藩出山之后，与湖南官场发生的第一次正式冲突。

地方官鲍起豹决意要借这个机会好好教训教训曾国藩。他故意将几名肇事士兵五花大绑捆起来，大张旗鼓地押送到曾国藩的公馆，同时派人散布曾国藩要严惩这几个绿营兵的消息，鼓动军人闹事。绿营中一传二、二传三，士兵越聚越多，群情激愤，纷纷上街，游行示威，要求曾国藩释放绿营兵。

绿营兵见状，居然开始公然围攻曾国藩的公馆。不仅伤了几个随从，曾国藩本人也差点丢了性命。

这是曾国藩出生以来，第一次遭遇真正的挫败。考秀才的艰难、画稿遭人嘲笑的尴尬，比起这次挫辱来都不算什么。

经过几夜不眠的反思，曾国藩做出了一个出乎意料的决定："好汉打脱牙和血吞。"他不再和长沙官场纠缠争辩，而是卷起铺盖，带着自己募来的湘军，前往僻静的衡阳。

咸丰三年八月，曾国藩带着受伤的自尊心到达衡阳，开始赤手空拳创立湘军。

这次，面对比长沙更艰难的处境：一是无办公场所；二是没有名正言顺的职权；三是没有经验；四是没有朋友帮助；五是没有制度支持；六是没有钱。

但经历过长沙挫败的教训，他学会了变通。

没有办公场所，他就借住在一户祠堂里。

没有名位，他用长沙时用过的"湖南审案局"五个字，来接送公文。

没有经验，曾国藩就自己在黑暗中摸索。他精心果力，认真思考绿营兵种种弊端之原因，创造了许多崭新的军事原则，比如招兵不用城市浮滑之人，只选朴实山农。比如"将必亲选，兵必自募"。比如实行厚饷和长夫制度。这些创新，都是军事门外汉曾国藩殚精竭虑、集思广益的结果。事实证明，曾国藩的思路是非常高明的，湘军日后的成功正是基于这些制度。

制定军事原则难，具体的筹备工作更难，曾国藩步步都需要摸索，不断失败，不断犯错。我们不谈陆军，先来看看曾国藩是如何创建水师的。

没有钱，他想出了一个办法：劝捐。也就是说，劝那些大户捐款，回报是由国家授予他们一些荣誉性的虚职。他在衡阳设立劝捐总局，派人四处劝捐筹饷。

可以说，如果不是因为善于从失败中吸取教训，不断成长，曾国藩不可能在此后九江大败、被皇帝拿掉兵权后的一次次低谷中东山再起，更不可能总结出结硬寨、打呆仗的战争经验。

正是这种终身成长型思维强化了他愈挫愈勇、不断解决问题的性格特点。从这些失败中，曾国藩领悟到，对于有志者来说，挫辱是最大的动力，打击是最好的帮助。咬紧牙关，把挫辱活生生吞下，就成了滋养自己意志和决心的营养。这构成了曾国藩生命经验中最核心的部分。

四、领导力与思维模式

《终身成长》中提道："在具有固定型思维模式的总裁的个人传记中，我几乎没有读到过关于职业辅导或者员工发展项目的相关内容。然而在具有成长型思维模式的领导者的传记中，都有深刻关注员工个人发展的内容，并会对此展开广泛讨论。"

人们提起曾国藩，一般认为他一生做了两件大事：平定太平天国和兴起洋务运动。其实除此之外，曾国藩一生致力的还有一件大事，那就是培养人才。我们可以从培养人才的角度来看曾国藩的领导力。

在平定太平天国期间，他培养了大批人才，李鸿章就是典型代表。他的教育方式，一是进行定期考试，以批答的方式来提高学生的文字水平和对事物的分析判断能力；二是通过谈话，也就是今日所谓面授。

曾国藩每天黎明，都要和幕僚一起吃饭。李鸿章落拓不羁，有睡懒觉的习惯，对曾国藩大营中的这个习惯很不适应，深以为苦。一天他谎称头疼，卧床不起。曾国藩知道他是装病，大动肝火，接二连三地派人催他起床吃饭，李鸿章到来之后，曾国藩整个早饭期间一言不发，直到吃完了，才说了一句话，说我大营所尚，只有一个"诚"字。意思是批评李鸿章"不诚"。李鸿章从此日日早起。

曾国藩曾说："做将帅的，一定要帮助下属立业成才。对待下属，就如同对待自己的孩子一样，从内心里希望他们发展得好，这样，他们才从内心感激你的恩德。"

在他的日记中，我们也经常看到他教育学生、下属的内容。

曾国藩在保举下属方面非常尽力。他的幕僚大部分都在幕府成才，然后成就自己的事业。

曾国藩的幕僚出幕后官至出使大臣5人，军机大臣2人，尚书2人，大学士2人，侍郎3人，北洋大臣1人，总理衙门大臣1人，总督16人，出任总督30人次，巡抚28人，出任巡抚50人次。此外，还有布政使、按察使、提督、副将、道员、知府、知县，最不济也有候补、候选、记名之类。林林总总，不胜枚举。天京克复前后，湘系"文武错落半天下"。

在生命尽头，他用尽全力，又在洋务上做了一件大事，那就是奏请派出第一批官费留美学生，推动多灾多难的国家向前走了一步。

英国历史学家包耳格曾经说："曾国藩是中国最有势力的人，当他死去的时候，所有的总督都曾经做过他的部下，并且是由他提名的。如果他曾经希冀的话，他可能已经成为皇帝。"话虽夸张，但从一个侧面反映了曾国藩的影响之大。

但并不是所有人都是这样的。比如左宗棠用人，喜欢使之盘旋在自己脚下终生不得离去，所以往往并不出死力为部下保举。终其一生，左宗棠提携起来的人很少。他的部下中，没有一人后来担任朝中一、二品的文官，在地方出任督、抚的也很少。

五、思维模式是一种信念

《终身成长》中说："思维模式其实就是一种信念。它们是坚韧的意志，强有力的信念，但它们只是你意志的一部分，而你是可以改变自己的意志的。这就是成长型思维的重要理念。"

读曾国藩修身自省的日记，想必读者都会觉得过于苛刻、琐碎、拘泥。一天二十四小时中每分每秒都是战战兢兢、提心吊胆，处于战斗状态，未免活得太"事儿"了、太板了、太累了吧！这种自我完善之法，长期自律的韧性，确实有点可怕。

然而，除掉那"过犹不及"的部分，这种修身方式，也自有其合理之处。康熙皇帝说："学贵初有决定不移之志，中有勇猛精进之心，末有坚贞永固之力。"朱熹也说："为学譬如熬肉，先须用猛火煮，然后用慢火温。"

做事也是这样。做至大至艰之事，只有极度渴望成功，愿付非凡努力，否则绝难成功。

而曾国藩正是通过这种终身成长的自修方式，逐一检出自己身上近乎所有的缺点毛病，在几乎所有细节中贯彻了对自己的严格要求。因此他的进德修业，才迅速而有力。

漫长一生里，写日记并公之于亲人朋友，一直是曾国藩最重要的自修方式。即使戎马倥偬中，他仍日记不辍，并且抄成副本，定期寄回家中，让自己的兄弟、儿子们阅看。

直到逝世前四天的同治十一年二月初一日，他的日记中还有这样的话：余精神散漫已久，凡应了结之件，久不能完；应收拾之件，久不能检，如败叶满山，全无归宿，通籍三十余年，官至极品，而学业一无所成，德行一无可许，老大徒伤，不胜惶悚惭赧！

这种有恒的自律，就叫作"几十年如一日"，也正是坚韧的意志、强有力的信念造就了曾国藩终身成长的开放型思维，正是这种开放型思维使他屡败屡战，终成中国著名的一个军事家。

成长型思维和固定型思维的人泾渭分明。但即使是曾国藩，也并非在任何时刻都是成长型思维。平庸的人，拒绝挑战、拒绝改变、拒绝批评、拒绝学习、拒绝反省。而"曾国藩们"不设限、不固化、关注批评的合理性，善于反求诸己，达到了作为一个人可以达到的最高度。曾国藩和曾国藩真正的追随者嘴里没有"不可能""我们过去就这样做的""可遇而不可求""你又欺负我""都怪市场""差不多就行了"，他们坚信今天付出的，今天不一定会回来，但有一天一定会回来。

人类群星闪耀，蔚为大观。如果不能选择成为群星，至少仰视那些光。光照过的地方，万物生长。

（本文部分案例节选自张宏杰《曾国藩传》、

卡罗尔·德韦克《终身成长》）

成长的路上，只有无尽的孤独

成长的路上，没有伙伴，没有观众，只有无尽的孤独。

1. 成功容易成长难。

2. 成功是一城一池的得失，成长是终身的事情。

3. 成功可以得而复失，成长断无可能从上再到下。

4. 成功与周期、机会、成长息息相关，而成长只能靠自己。

5. 成长的路上，没有伙伴，只有自己。唯一能与你同行的，是你自己的无助、孤独和恐惧。当然也有喜悦。

6. 当你成功，会有无数人给你喝彩。而成长没有观众，一生都不会有观众。你只能自己体会此中的酸甜苦辣。

7. 成功是降龙，一路PK怪兽升级，需要扛过八十一难。成长是伏虎，一生的敌人都是被囚禁的自己，只有学会七十二变，腾云驾雾，才能到达一个个目的地。

8. 那些成长路上的幸存者，他读过的书、遇到的老师、经历过的事情，都会成为他的资源，他伟大的老师。一个凝神静气的人，在白天看到光亮，在噪声中听到指示，在充满恐惧的时候上路，在失败和挫折、重压下始终拥有信念。

9. 愿意成长的人，一生都是骑士。他决定上路，就始终在路上。他在通向成为更好的自我的路上。我们一生也都应该这样。

做高价值区的事，是成功的关键

一定要做高价值区的事情。

同样的时间花在不同的事情上产生的价值不同，必须找到能够创造更高价值的事情。

高价值区的事情无法完全清晰地描述，但依然有一些规律可言。

1. 有共识的事情常常是高价值区的事情。比如，碳中和、元宇宙，这是在全世界范围内形成共识的事情。

2. 没有形成共识，但是某些资深人士坚持认定的。十年前一个技术"大拿"坚定地给我普及区块链和比特币，我却不以为然，甚至觉得荒谬。十年前他坚信的事情如今已经成为很多人的共识。

3. 成为一个超级平台崛起时的种子用户。如淘宝直播开始时进场的某位达人。别人还不知道何谓直播的时候，他已经进场，占尽红利。

4. 比较难的事情。比如芯片，一旦拥有了自主产权的芯片，其价值将不言而喻。

5. 特别有辨识度，容易形成自己的IP。那些凭借自己独特的嗓音、别人无法媲美的颜值或者与众不同的人物设定，常常会创造巨大的价值。

6. 根据常识即可确定性价比高的事物。

7. 头部的事物常常能带来高价值。给久负盛名的阅文集团创造最大回报的，正是大家耳熟能详的《盗墓笔记》《鬼吹灯》《斗破苍穹》《斗罗大陆》《陈情令》。他们在还是文学作品的时候就已经收获了众多的粉丝，在变成动画和电视剧后影响一直波及现在。

8. 你有能力做到极致的事物。

9. 已经小范围内证明过的事物。就像改革开放先从深圳、珠海、汕头、厦门、海南五个特区开始尝试，一旦证明行之有效，马上推广到全国。

10. 天上掉馅饼的事情常常不是高价值区的事情，反而可能是陷阱。我身边有太多人坚信P2P的高额回报，以至于给自己和家庭带来永远无法修复的伤害。多年前，我有一个做P2P的好友，许诺我只要在他的平台上存款，即可获得25%的回报，远超一般理财。庆幸的是，即使身边有人因此确实获得了高额回报，我也从未动心过。后来在他平台上理财的人几乎都倾家荡产。

11. 充满陷阱的地方和需要翻很多座山才能到达的地方不是同一个地方。

你若勤勉，必将站在君王的面前

最终站在领奖台上的人，是付出非凡努力的人。

我所认知的那些最优秀、最成功的人，没有一个抱怨命运不公，没有一个不拼尽全力。

命运的诡异之处就在于，你只要稍微努力一下，你就可以跑赢绝大多数人。但绝大多数人依然过着平庸的一生而不愿意付出格外的努力。如果一个人努力一下不能马上获得回报，他就一定会怀疑勤勉的意义。他不知道质变的人生需要量变的积累，他也不知道，有一些回报，需要拉长时间去看待。

信息处理的八条原则

成功的人善于决策。善于决策的人有着异乎寻常的信息处理能力。我认为，人对信息的处理要遵循八条原则：

第一，应该尽可能拓展信息源，尤其是权威信息源。比如，医生就应该更关注《柳叶刀》《新英格兰医学杂志》《科学》刊登的最新研究，而非某个来路不明的手抄本上的论断。不但要掌握中文的信息源，还要主动去寻找更多语种的信息源。如果你想认定某个事实，则需要至少两个独立信息源，甚至两个权威信息源互为验证。

第二，在可知而非已知的信息流中活动。大部分人从未踏出过已有认知的河。实际上有效的信息常常是在未知而可知的地方。尤其当你要做出决策的时候，你掌握的信息常常是冰山一角。水面之下才是令人触目惊心，从根本上影响和塑造你命运的部分。一定要拼尽全力获取你可以获取到的信息。

第三，信息的密度也至关重要。一个善于处理信息的人，对信息有海量的需求。一个一年读五十本书的人和一个一年只读三四本书的人，获取的信息不一样，处理能力自然也不一样。我们的IP策划小组每年的阅读量超过一亿字，其中最优秀的那些策划一年的阅读量几乎可以达到1.5亿字。他们的审美，他们的经验，他们对于趋势的判断，显然和低于平均线的大部分公司的策划完全不同。

第四，一个人对某一个问题思考的频次和强度越强，他找到有效信息的能力就越强。我们正身处庞杂、无效和浅薄的信息年代。绝大部分你获取的信息都毫无意义。他们无法解决问题，无法对你的决策产生效用。他们唯一能满足的就是你即时的娱乐，让你消磨时间。一个人只有带着使命上路，只有带着难题去寻找信息，信息才能真正创造价值。

第五，要善于去看排行榜。无论你处在哪个行业，很重要的一个学习方法就是去你所在行业的各种权威排行榜单中去寻找有效信息。一个善于处理信息的人，从排行榜上学到的，可能与从真正专家那里获得的有价值的信息一样多。

第六，一个人的信息处理能力是他认知框架造就的。一个认知高的人，善于兼容相反的信息，从中判断真伪。对于那些诡异的、违背常识和理性的信息，能够大胆怀疑，小心求证。但大部分人则观念先行，喜欢接受自己听得懂、看得到、很喜欢的信息，容易形成信息茧房。在特定的网络空间里、相对封闭的环境中，这些同样的声音不断重复。处于封闭环境中的大多数人认为这些扭曲的故事就是真相的全部。信息或想法在一个封闭的小圈子里不断得到加强。与这个网络格格不入的信息，都被本能地排斥为虚假信息。

第七，人对信息的识别能力非常重要。识别有用或无用，识别真伪，识别重要或次要，有效或无效，甚至还需要识别信息背后的动机。不同的动机会导致呈现不同的信息，造成信息的不对称。卖方常常掩盖负面信息，促成成交。一个企业中的局部单位为逃避责任，交付上级的常常也是不完整的信息。再如信息传播学中的首位效应、末位效应，无不对人摄取信息发生微妙的影响。寓言中朝三暮四和朝四暮三对一只猴子做出决策就会发生不同的作用。你在销售一个理财产品时到底是说这款产品收益很大，但有风险，还是说，这款产品有风险，但收益很大，显然会让顾客做出不同的选择。判断一个信息是否有效，不仅考虑信息本身，还需要放在信息和接受者的框架里去考量。人们接受能力的不同，会造成同样信息作用的增强或衰减。有的人凭借一堆废话中的某一句可以准确判断合作者的意图。而有的人，即使面前呈现信息的全貌，也无法对他的决策产生作用。一个拥有信息识别的能力，要有很高的认知度，要掌握基本的逻辑、常识、理性；要习惯性地将自己和他人的经验、教训纳入自己的认知中；既要理解人性，还要善于与自律性偏差、动机性推理、情绪做斗争。

第八，当信息不具有公开性时，集体决策最优。每个人获取的信息都仅仅是事实的一部分。我们必须拼凑所有有效的信息，才能摸清楚事实和真相的大概面目。在信息完全不透明的情况下，要想办法解决最关键的问题；要优先解决最紧急的问题，至少可以将紧急事件变成非紧急事件，然后再进一步处理；要关注最有可能发生的问题。由于信息不透明，造成决策可利用的资源匮乏，不必惊慌失措，从第一个决策开始不断校准，最终会做出高水平的决策，而信息也一定会水落石出。在某种意义上，你看不到的信息，你最终会摸到，而这可能是信息的全部面貌。

决策高手做容易的决策

小到日常生活，大到就读哪所学校，选择什么爱人、朋友、职业，以及涉及个人或企业生死存亡的事项，我们无时无刻地不在做选择。选择本质上是机会和成本的加减、是收益和风险的加减。决策本质上在选择概率。但又不止于此，还有运气成分。一个好的决策顺应天时地利，能够造就人和，甚至有扭转现实的能力。善做决策者，总在做轻松的抉择，不善于做决策的人，一生都在过山车一样的人生中。他无法发展出自己的决策能力，无法站在大势、核心优势上看待决策，也不承认决策需要理性、需要复盘，他轻而易举地做出追悔莫及的决策，一个不善于做决策的人的悲剧在于，他一生可能都在重要的路口做出错误的选择。

第一，决策力也是一种资源。要减少在非关键事务上对决策资源的消耗，比如每天吃什么、穿什么，看什么电视节目，在这些小事上决策的浪费，极大地消耗了我们在关键事务上的决策能力。同时，要避免不必要的决策。早在几千年前，医生就遵循一条原则，如果病症不至于恶化不危及生命，就不要采取其他措施。拥有决策能力的人，不是频繁出手争取小机会，而是在等待着重大机会。

第二，一定要做决策偏好者。决策频次可以发展出决策能力，一个人越频繁地做决策，越善于做决策。查理·芒格说，好企业和坏企业之间的区别在于，好企业会一次次地做出轻易的决定，而坏企业会一次次地做出痛苦的决定。

第三，要确保决策小组真正参与到决策中。决策小组的人不必太多，但必须真正地参与决策有两层含义：第一，是独立地，不受任何影响地发表意见。不能因人废言，也不能为了回避冲突附和他人言论；第二，不能为了个人、局部利益置公司利益而不顾。上级在做决策的时候也要善于分辨下级的建议是不是"被污染"过的意见，在最终进行决策的时候，也要避免折中决策。

第四，一个发展出决策能力的人对决策和最终结果的关系有清晰的认知。正确的决策不一定会得到最好的结果，很多人会归咎于执行力，但本质上还是决策的问题。决策与执行力不可分割。通用电气（GE）的CEO杰克·韦尔奇在并购的时候就让职业经理人全程参与到决策过程中，便于执行，从而获得巨大的成功。一个好的决策者，要让执行者不仅知其然，还要让其知其所以然。一个目标和动机都能统一的团队，执行力不会有根本的问题。

第五，发展出决策能力的人绝对不是"事后诸葛亮"。一个人在付出了巨大成本后做出一个决策，如果最终不如所愿，他会不甘心承认自己的决策错误，会不断加码，极限施压，来证明自己是对的。在纳希塔勒布的《黑天鹅》中，有一个词语叫"叙事谬误"，即我们会不断根据事情发生之后能自圆其说的逻辑来叙述整个事件，并对自己的记忆根据叙事的合理性进行修正。真正的决策高手，不会在错误的决策后证明自己，并想方设法挽回损失，而是会果断转身，及时止损。决策高手不是总是在做对的决策。他反而会不断认识到他总是可能在决策上犯错。但决策能力的提升，很多时候是在对局之后的复盘。通过复盘，可以很好地回顾自己的判断和选择，检验决策质量。反复复盘，可以打破先入为主的偏见，提高决策水平。

第六，决策能力强的人不但擅长决策，更重视坚持的力量。笛卡尔在《谈谈方法》中说："在行动中尽可能坚定果断，一旦选定某种看法，哪怕它十分可疑，也毫不动摇地坚决遵循，就像它十分可靠一样。这就是著名的迷林理论，意即在迷失的森林里，无论你朝哪个方向走，你都最终会走出迷林。"

第七，决策能力强的人不在带有情绪的状态下做出决策。无关紧要的决策凭直觉可以做出，重要的决策必须调动所有的信息、认知、资源和注意力、理性去完成。一旦受到情绪的干扰，常常就会做出错误的、不可收拾的结论。

决策能力强的人偏好风险，但又对风险管理游刃有余。就像手机备份，以防重要的信息意外丢失。决策能力强的人常常朝最好的方向努力，但始终着眼于为最坏的可能准备，即永远有PlanB。在经济学上，这叫冗余，即，当系统发生故障时，冗余配置的部件介入并承担故障部件的工作。但需要强调的是，一个真正的决策高手，绝对不会做失败了无法挽回的决策，哪怕他可能因此获得巨大的回报。决策高手不会将鸡蛋放在一个篮子里，不会孤注一掷，也不会在决策错误后追悔莫及。一个真正的决策高手不会习惯性用后悔这些情绪来消耗自己的决策力。

第八，每个善于决策的人都有自己的决策框架。本质上都大同小异。职业扑克牌赛冠军、认知心理学博士、畅销书作家安妮·杜克在对赌中提出了科学决策的"六步决策法"，可以推荐给大家。

（1）根据目标和价值取向穷尽各种可能性。

（2）通过对比每个结果带来的回报确定偏好——从价值取向来看，你有多喜欢或者多不喜欢每个结果？

（3）评估每个结果发生的概率。

（4）评估候选决策将产生你喜欢或者不喜欢的结果的相对可能性。

（5）考虑其他候选决策，重复步骤2～4。

（6）比较这些决策选项。

第九，一个真正的决策高手不相信有完美的决策。他会将决策当作一个系统性的工作去完成。搜集什么样的情报，如何避免个人偏好，邀请什么样的人来参与决策；在无法做出决策的时候是等一等，还是向比自己优秀得多的人求助；如何保证原汁原味地执行，都在决策的框架中。决策和认知一样，是理性和行动统一的结果。就像一个流行歌手，观众听到的不仅仅是他本身的歌声，更重要的是他的歌声和话筒在一个舞台上最终呈现的效果。

第十，善做决策者。总做容易的决策，不善于做决策的，总是轻易地做出决策。

要快速决策

我曾经主管过一家1000人的公司。大部分管理都授权给子公司的负责人。我曾因此饱受非议。

但是迄今为止，我依然坚信，要让听得见炮声的人去做决策。一个只有常常决策的人才善于做决策，才能做出正确的决策。

我创业后的八年间，每周一都会开雷打不动的例会。我们的例会只有两个任务，第一解决问题，第二是做决策。我会尽可能地让更多部门的负责人以及骨干参与到会议中去，以便让每个人都能参与到公司的决策路径中来。

对于每个项目，我的要求是决策周期不得超过一周。决策本身不应该花费太多时间。如果机会大于风险，那就通过快速决策把握机会；如果风险大于机会，那就通过快速决策将注意力集中在下一个机会上。

对于有相似业务的大公司而言，他们的决策路径显然更长。一个项目从提报到公司负责人终审，少则一个月、多则一个季度，而我们路径短，这就是我们永远能拿到最好的项目的原因。

要去现场决策

当面沟通，不仅是观点与市场的沟通，也是经验与情感的交流。

学会判断合作者的意图非常重要。

我的合作者海岩曾说过一句话，不买你东西的人才会夸奖你的东西。一旦一个人开始挑毛病，那就意味着他有了兴趣，也意味着可能合作的开始。

现在社交工具如此发达，让不少人有了一种错误的认知，认为很多工作都是通过社交工具就可以完成的。建立客户清单，给客户介绍产品，销售动作的完成，合同签署，似乎都可以在完全没见过客户的情况下就完成合作。

但是，网络社交工具绝非万能。我们曾用社交工具出色地完成过很多任务，却也因为过度依赖社交工具，而失去了很多机会。比如，隔着屏幕无法感知客户的真实意图，有一些合作旷日持久、最后无疾而终，其实早有迹象，但通过线上沟通就很难发现。有一些合作纯属价格上暂未达成一致，双方只要各自稍微让步，便可成交，但就是因为不见面，导致无法展开一次真正的谈判，结果双方都错误地做出了预判，最终未能促成合作。

后来，基于这些教训，我们修正了做法，要求一旦出现有成交意向的客户，那么销售团队就必须当面沟通，以确保最终促成合作。

　　一个成熟的销售人员在管理客户时，实际上管理的是活生生的人。如果不亲临现场，就无法说你是在真正管理客户。

正确选择的对立面，往往是容易

正确道路的对立面，不是错误的道路，而是容易的道路。

正午阳光是中国顶尖的剧集公司，他们出品的剧集以高口碑和高热度著称。在正午阳光做的剧集里，有两部给我留下了深刻的印象。

一部古装剧是《清平乐》，根据作家米兰Lady的《孤城闭》改编，讲述的是一个太监和公主的爱情故事。此故事改编成剧集的难度相当大。在我们购买了米兰Lady的版权后，我试探性地找到了侯鸿亮——正午阳光的掌舵者，一周后收到了他的回复，他的团队愿意尝试。

一部现代剧是《开端》，作者是祈祷君，晋江文学城一位非常优秀的小众作者。我一直对她的作品寄予厚望，我们也购买了她的一部分作品，一直在合作的进程中。在我们团队讨论是否购买《开端》的时候，这部作品的内容受到了绝大多数策划和故事猎手的喜欢，但由于是无限流小说，大家都顾虑重重，在整个策划团队中，除了极少数的人，其他人都认为该作品无法改编。也因此，我们最终没有购买这部版权。然而三个月后，它被正午阳光看中；一年半后横空出世，成了国民级的爆款剧作。

正是在这些经验教训中，我意识到真正正确的东西，往往都具有一定的难度。

高手的三种思维

第一，积极思维。即使发生了很糟糕的事情，也要考虑其积极的一面。一个在细节上始终悲观的人，在遇到绝境的时候要极大减少精神内耗，凝神静气，思考悲剧中的哪怕一个微小的积极因素。人善于从一个悲剧、灾难和挫折中迅速抽离，是优秀的人在做的事情。

第二，开放思维。不要自以为是，不要固执己见，要打开自己，参与到更多比你优秀的人创造和参与的信息流、资源流中，让别的人、别的能量为你所用。向上兼容，向下兼容，完善你的价值观和方法论。

第三，快速思维。构成机会的条件变化多端，窗口期极其短暂。而构成风险的火苗常常会演变成一场火灾。必须在机会消失、风险蔓延前果断入场或离场。

和最流行的事物，保持高度紧密的连接

拥抱流行，就有机会成为流行。

有些人耻于谈论最流行的事物，尤其是那些自命清高的人。

但最流行的事物所能呈现的局部、细节和信号，正是未来需要的。

我们在寻找优质IP的进程中，一直有一句话指引着团队的每一名成员：我们是在为"05后"寻找内容。

一代人有一代人的审美，唐诗、宋词、元曲、明小说，都是如此。人不要站在前浪上藐视后浪。

即使在网络文学的细类里，男性向内容的迭代和女性向内容的迭代同样非常快。

40年前忍辱负重的刘慧芳，在今天的女性受众看来简直不可思议。

即使对于我们阅读量超级大的猎手团队而言，有很多特别流行的事物也超越了他们的审美体验，甚至被他们蔑视。在我们每周的IP评估中，有一部小说《难哄》进入我们的评估视野，这部小说是晋江文学城最顶流的言情小说，积分有两百亿之多，做成纸质出版物，几乎每周都能登顶畅销书排行榜。做成广播剧，也赚得盆满钵满。但恰恰是这部小说，遭遇了我们几乎所有策划的一致否决。我几次让猎手提报上会都被大家众口一词地打回。我们购买IP的原则是，全票通过，或者大多数人通过，且给予超高评分。我们的规则里没有全票否定情况下的绿灯。但此后，我格外关注这部小说的走向。几个月后，我们看到了这部小说影视版权销售出去，看到组训屡上热搜，很多平台负责人都来找我打听该小说的去向。应该说，这是我们猎手团队最失败的一个案例。失败不在于我们错过了一条线索，而在于我们屡战屡胜的策划团队可能有严重的认知盲区。

我对此忧心忡忡。

拥有对流行事物的成见，是审美的第一重障碍。

即使没有成见、完全打开，若不理解流行事物的内涵，也会成为第二重障碍。

无论如何，都请想方设法地关注流行事物，细心观察和思考流行事物掀起风浪的原因，并努力和它们建立深度连接。

审美，不仅是天赋，更是训练的结果

审美是一切素质的综合。

我不认为审美是天赋。从影视圈这个角度来说，审美必须建立在大量阅读、大量阅片的基础上。

阅读要形成自己的方法论，要有一些基本的工具来帮助自己理解文本。

阅读的时候可以没有见解，但不能有成见。人一有成见，见解也就没有什么意义了。不要站在一个鄙视链上去审美。

审美一定要尊重自己的体感，可以先不去考虑是否有意义、观念如何，必须诚实地感觉和表达自己的体感。不要去乌泱泱的人群里扎堆。有时候，即使那些自认高明的审美者聚在一起，也成了乌合之众。

审美的水平上去了，以后很难再掉下来。

审美要有兼容性，要在上一代、同一代、下一代的流行审美中找共振。

有兼容性的审美，如同网络加入了宽带，视野瞬间宽广辽阔，上通下达，美不胜收。

情商是什么

小成靠智商，中成靠情商，大成靠思维方式。情商非常重要。我理解的情商，有两个方面。

第一个方面是自律性，尤其是控制情绪的能力。每个人理论上都是管理者，要管理自己的目标，管理身体，管理时间，管理人际关系，以及管理自己的情绪。情商高的人善于管理自己的情绪，在情绪上不失态，也不会过度忧虑、后悔、愤怒和抱怨。他深知这些过度的情绪唯一的作用就是副作用，只能让事情越发糟糕，让自己更加孤立。

当然，管理情绪也包括利用自己的情绪来达成目标的能力。比如愤怒就并非毫无意义。在对的时间、对的场合，对对的人，愤怒拥有很强的建设性。

第二个方面，高情商是指与人为善的能力。一个真正情商高的人，做所有事情的出发点都是为了让事态朝着更好的方向发展。情商高的人真诚，善于交付善意。他也知道善良应该交付给何人，应该达到怎样的程度，不会毫无原则。

情商高的人不意味着八面玲珑，巧舌如簧，即使他是一个销售人员，他也只售卖他相信的东西，他相信他销售的商品对客户有真正的帮助。高情商不是一种技巧。要么出于天性，要么是因为他有很高的认知，他知道一个工于心计，或者喜欢零和博弈的人无法走得更远。高情商的人是天生的博弈高手，他们总是希望能找到"1+1＞3"的方法。他们相信总是有这样的方法。

真正情商高的人能够良好地控制或应用情绪。

能够通过率先输出真诚和善良来达到双赢；他们的真诚和气度让他们拥有很多朋友，但永远不会因为亲近而失去对朋友的尊重。

他们善于经营关系，但永远知道这一切的前提是首先要爱自己。

他们爱自己，但绝不以自己为中心，他们善于倾听。

他们说话、做事有分寸感，即使绝交，也绝不口出恶言，让事态无法收拾。

真正的情商高是和而不同，意思是关系和谐，但在具体问题上不必苟同对方。这与一般人理解的情商高就是会说话，就是八面玲珑大为不同。后者是同而不和，意思是他可能会迎合他人心理，附和别人言论，但内心却毫不认同，反而对他人充满敌意。

学会讲故事

一定程度上讲，故事是文明载体，故事推动人类进步。

要找到一个投资，你需要在一分钟内讲清楚你公司的商业模型。

要卖出一个故事，你则需要在一分钟内讲清楚它是一个什么样的故事，这个故事的价值何在？

在任何一个行业的任何一个岗位，讲故事的能力都不可谓不重要。上下级沟通，和客户沟通，和主管部门沟通，学会讲故事，都是给人留下深刻印象，降低沟通成本的最佳手段。

在所有的故事中，你要能找到最惊心动魄，最有辨识度和最有说服力的故事。

你要用最简单的方式，即使是小孩子也能听得懂的方式去讲述。

为自己拼尽全力，也希望所有人都好

一个人的格局，要不断地放大，尤其在大环境艰难的时候，能帮人的时候帮人一把，即便不能帮人，也不要在别人落难的时候去踩一脚。

在别人艰辛的时候，你要心有戚戚焉；在别人发出微弱的声音时，没必要去说风凉话；在别人普遍觉察到灾难要来的时候，你不能仅仅算计自己的一亩三分地。

如果你身处一家头部公司，现金流还算充裕，或者你有能力对一个行业的枯荣，具有杀伐决断的影响，你就应该承担起领头羊的作用。哪怕你只有一点点的微光，在温暖自己的时候，也尽可能照耀一下别人。

任何时候，你都不要心存害人之心；不要参与到任何一场互害中去，这应该是一个人对自己的最低要求。

在愈加艰难的时代，首先要学会交付善良。要为自己拼尽全力，也要希望所有行业，所有人都好。一个人不可能独自走出泥潭，一艘船不可能独自在惊涛骇浪中独自穿行。大家应该手拉手，船并船，一起走出去。

真正优秀的人，常自以为非

大多数人都自以为是，因为每个人都或多或少地拥有一些能力和经验。但是真正优秀的人，一定是自以为非的。

所谓自以为非，并不是无端地怀疑自己，不自信。一个自以为非的人，反而对自己拥有的经验和教训了然于心。他知道自己拥有的东西，就是他对抗不确定世界的武器。

但只有这些还不够，一个人经历的不确定性不以同样的形态，同样的路径展开。一个人在对抗上一轮的不确定性当中形成的经验无法有效地对抗新的挑战。

1. 他必须掌握更多不在自己经验内的事情。

2. 他也必须否定一部分已经固化的经验。

3. 他必须与拥有更丰富经验和教训的人、事物建立连接。

一个人的自我越小，他获得新的经验的能力就越强。

自卑是什么？是不承认自己有更好的可能。

自以为非是什么？是承认还有更多的可能。

读王阳明、笛卡尔、稻盛和夫、曾国藩，他们的共性就是"反求诸己"。一个人只有承认自己的不足，承认自己有很多不在自己经验内的事情，才能有更多的空间去吸纳更新的、更重要的、更有力量的经验。

一个真正认清自己的弱点和局限的人，能看到一个广袤无际的未知世界。

成年人多考虑利害

人们说小孩子喜欢争论是非，成年人喜欢讨论利害，这当然是一种成长带来的变化。

除了极少数大是大非、公认的是非，大部分事情都不一定有是非。即使在你看来坚不可摧的"是"，在你的对手看来也可能是彻底的"非"，所以人们常说"说人是非者，必是是非人"。

从某种角度讲，是非和利害也是统一的，大是大非常是大利大害。

是非常给人一种错觉，让人感觉有一种道德上的优越感。

但实际上，很多人的是非观仅仅是一种低维度的判断，而一个人如果喜欢从利害维度判断问题，则需要他具备更有力量的系统来支撑。

接受不同观点，才能成长得更快

每周我们都要开一个漫长的故事发现会议。

我们的故事猎手按照公司的基本要求，每周都要汇报一周内他们读过的最好的小说。我们的策划则对前一周通过审核的故事进行复评。

那些最出类拔萃的猎手和策划总是勇于表达自己的观点，有时候的会议就像是一场辩论赛，观点的碰撞、言语的犀利，你来我往，总是要论出一个冠亚军。包括我的有些观点也经常被同事质疑。

我要求我们的猎手和策划必须将他人的面子放在一旁，诚实而独立地表达自己的观感，包括感性的部分。一部广为传颂的小说常常是和猎手或者策划能够建立强烈情感连接的作品。

我曾经因为我们的一个猎手在推荐她读的小说时泪流满面而果断为这本书下注。很多人回避冲突，委婉地表达，甚至当面只说冠冕堂皇的话。但确实少部分高业绩的人完全不顾他人面子，你来我往，争执不休。

所有的争论最后我会一锤定音。每周我们都会根据大家的评估结果决定购买还是放弃作品。决定购买的，我们将会把作品容纳到我们命名的"诸神联盟IP世界"，我们希望在日复一日的筛选中发现越来越多的佼佼者，直至可以培养成国民级IP的内容。

那些不回避冲突、敢于表达真实想法的所有猎手和策划，将同我一起，实现我们的愿景。

关注排行榜，但不迷信它

从纸媒时代到PC时代再到如今的移动互联网时代，查看各类排行榜是我每天必做的功课。

俄国历史学家克柳切夫斯基说："研究生活的人才能从生活中获得教益。"我们都热爱着生活，我们都期待着在琐碎却浪漫的人生日常中获得营养，最好还能得到一些高效科学甚至是被前人无数次验证过的方法论，继而坚定从容奔赴前路。各类排行榜，正是这营养的来源，也是生长着这些方法论的土壤。

排行榜是公开的信息，面对纷繁信息请记住：

表面的意思永远不是真正的意思，真正的价值往往隐藏于表象之下。

在我看来，查阅各类榜单时，有三个关注重点：

- ·今日排名靠前的是哪几个类型的话题或作品。
- ·榜单里的每一项背后折射出来的价值点和情感点是什么。
- ·这些价值点、情感点是否可开发、可持续。

关注话题或作品的类型可以很好地帮助我们建立对当下世界的感性认知，让你清晰锁定当下世界市场关注的趋势与方向。如若一段时间以来，排行榜上的某个内容类型持续火热，那么你便可以在感性层面做出初步的市场判断与产品方向的选择。关注每一条上榜内容背后的价值点，寻找那些让用户感同身受甚至共情的情感元素，能够帮助你把准用户痛点，从而规划出自己产品或行动的底层逻辑、实现路径。有些价值点、情感点的热度会持续良久，等你将其落地并具象化之后，这些情感与价值依旧会对你的产品或行动产生推力。但某些则昙花一现，或有触发政策、社会舆论、道德法制等方面反向制约的风险，换句话说有些价值点是可以挖掘和放大的，有一些没等你培育完好就会胎死腹中。时时刻刻关注，长长久久的思考，会帮助你形成良好的判断与选择能力。

· 能从排行榜中看到真价值与真问题的人，是了不起的人。

· 也是这些了不起的人，会更了解与利用排行榜。

在娱乐行业中，我们公司是一个特别的存在。我常说我们公司脚踏两只船，我们是绝大多数影视公司里最懂文学的，也是绝大多数文学公司里最懂影视的。很多人不知道，这样一家略显奇葩的公司，是将"大量接触榜单"定为我们的运营规则的。我们优秀的故事猎手们，每天都在各类榜单中判断当下的社会情绪，判断什么样的题材与类型会是下一阶段市场欢迎的，判断哪一位作者会是第二个唐家三少或流潋紫，这些基于榜单的判断直接指导了我们对于内容的选择。我想，行业之所以对我们公司给予充分的肯定与信任，莫不因此。

读罢上面的文字，你或许已打开手机开始刷榜。且慢，还有一点同样重要。

· 关注榜单却千万不能迷信它。

· 提醒自己在榜单的加持下到市场里寻找趋势信号。

在娱乐行业，人们习惯根据已经发生的排行榜来确定第二年甚至第三年的片单、产品、发展方向。然而即便是当年的爆款，经验多数情况下也是难以复制的。根据排行榜预判未来趋势是必要的，但有时也会刻舟求剑，白忙活一场。职场中的大牛时刻关注榜单，却永远不会尽信，更不会迷信。他们习惯到更广阔的社会中去验证自己的判断，不断地修正自己的行动，优化自己的路线图。古人说：尽信书则不如书。排行榜，亦是如此。

透彻研究排行榜，犹如摸着石头过河，有时也似盲人摸象。起初一无所知，毫无头绪，但持续地刷榜，能让人逐渐厘清规律、发现诸多奥秘。正如盲人接触象的不同部位、细心感受其轮廓和质地，最终得以在脑海中勾勒出一头象完整的模样。愿你用心分析排行榜，从中获得丰富有效的信息，助工作一臂之力。

一根火柴可以轻易地烧掉一座宫殿

在创业七年间我所感受到的风险，远远超过我做职业经理人的那十三年。

作为一个IP猎手和影视投资团队，我们几乎每周都在做决策。如果做错一个决策，我们有可能要损失百万元到千万元不等。但如果做对了一个决策，我们也将受益匪浅。

作为中国娱乐业最受认可的团队之一，我们每周都要复盘各种错误，也会小心翼翼地捕捉机会。

我们每周有两次重要会议，一次是IP购买决策会议，我几乎鲜有缺席。我们在每周一的例会上确定我们要购买和投资的项目。另一次是风险会议，我们每周要复盘公司和整个行业遭遇过的众多风险。这些由决策者和经办人犯过的错误成了公司的伤痕，我想让公司的每个人都牢牢记住。

正是一个又一个让人疼痛的错误，让我们意识到一个风险可以让一座宫殿毁于一旦。选择的正确与否，价格的合适与否，合同里的陷阱，市场与政策的陡然变化，都成为我们风险清单里的一部分。

从一个高歌猛进的周期到充满不确定性的周期，再到一个高度确定性风险的周期，结构性和系统性的风险不断地发生。而正是风险的不断发生和演变，让建立风险清单这件事变得极其必要。

山上滚下来的石子，伤害性有可能像巨石落下，而风险清单像一个滤网或者筛子，一开始就把那些石子挡住。君子不立危墙之下，说的是人应该远离风险。但风险可不是标注得一清二楚的事物，很多看似平常的事都可能有潜藏的风险，并且风险一旦被触发，便可能一发而不可收。

要想不湿鞋，就别总在河边走。

第一，一定要有风险意识。很多风险在认知之外，人必须不停地学习，从而对风险有准确的认知。在很多人看来稀松平常的一些事情中，其实正酝酿着一场风暴，而你在当下却浑然未觉。

第二，一旦建立起风险的认知，就要学会评估风险的可能性。对于那些可能性大的，应该始终心怀警惕。

第三，风险管理最重要的一点是越早处理越好。很多风险还只是一个苗头的时候就得果断处理。正所谓上医医未病。

一切都在进化，风险也不例外，在它还是一只小怪兽的时候，你本可以轻松地消灭它，但大多数人都错失了及早消灭风险的机会，只能在风险彻底触发后追悔莫及。

那么，我们在面对风险的时候到底怎么选择呢？

1. 成本低、风险小、收益高的事情不如起而行之。比如，失眠时候的某种传统疗法、绝境时候的某根稻草、病痛时候的某个经方，等等。

2. 成本高、风险高、收益高的事情一定要特别谨慎。但如果风险控制在即使失败也可以承受的程度，不妨一试。

3. 成本高、收益低的事情不要做，无论风险多高，多低。因为你应该把你的注意力放在更高价值区的事情上。

4. 并非所有的风险一开始就是风险，风险蔓延可能与你的认知驱动导致的拖延有关。机会的特点是窗口期很短，而风险的特点就是从火苗变成一场浩荡的火灾非常迅速。所以在发生系统性风险前快速、极其快速行动常常是破解风险的密码。

5. 永远不要相信天上掉馅饼。一本万利的事情大多包含着巨大的风险。哪怕你真的错过了一个"馅饼"。

6. 当一个问题特别重要的时候，你要跑到认知、资源外去寻找答案。也许在当下无解的难题，在另外一个圈层、另外的维度或另外一个时间段里很容易破解。

7. 难度和风险是两回事。人应该去做难度大的事情，因为这是提升能力唯一可靠的方法。但风险大的事情，无论难度多低，都要谨慎对待。

8. 重申一下，难度和风险是相对的。一个认知高、护城河高的眼睛里的难度和风险与认知低、护城河浅的人不可同日而语。

9. 很多人习惯"用别人的钱去冒险""赚傻子的钱让穷人去买单"。你要警惕自己成为别人的代价。

10. 要寻找和你风险共担的人。永远不要选择只享受收益，而不和你一起冒险、不一起共担损失的合作伙伴长期合作。

11. 如果一个策略有可能触发爆仓、系统性毁灭、破产或者无法承受的伤害，那无论多么大的收益也绝不尝试。

12. 一定要知行合一。

机会不只是概率

机会就像藏在蓬壳里的栗子。

1. 要想了解机会，首先要了解周期。经济学家康德拉季耶夫在观察了近两百年的经济贸易历史后，认为一轮大的康波周期为45年～60年，而每波康波周期中又蕴含着衰退期、大量投资期、过度建设期和混乱期。知名经济学家周金涛认为人生就是一场康波，三次房地产周期、九次固定资产投资周期和十八次库存周期，人的一生就是这样的过程。发财主要看康波。如果把发财换作机会，情况也没有什么不同。我们观察身边能够迅速积累财富的，很多确实与房地产、股市、大宗商品交易、外汇买卖有关。何时进场，何时出场，都关系着财富的量级。

2. 我们在可以见到的周期里观察，每次政策出台、行业巨变、新技术革命都创造了海量的机会，无数人抓住了这些机会，实现了财富的大幅迁跃。

3. 问题是为什么只有少数人抓住了这些创富的机会，大多数人与财富无缘？机会面前真的人人平等吗？

4. 对机会的认知：别人不知道你知道了，别人不明白你明白了，别人犹豫的时候你果断地做了。

5. 成功的本质是以小博大，交易的本质是以小博大，机会的本质也是以小博大。经济学家曼昆在《经济学原理》中指出：一种东西的成本是为了得到它而放弃的成本。简单地讲，就是为了得到什么，必须放弃什么，选择是唯一的，不能同时拥有。善于抓住机会的人精于计算机会成本的取舍，他会列出所有可以选择的机会。

与目标长远结合。

哪个的成本更容易控制。

选择时会失去什么？会顾此失彼吗？

任何选择都不可以超出能力范围。

看到机会的人常有，而愿意为此付出成本的人却很少。这就是很多人无法抓住机会的原因。

6. 一个能抓住机会的人永远不是一个机会主义者，不是那种一看到市场上有某个发财机会就想大捞一笔，捞完就走的人。机会主义者总是在做自己搞不懂、不相信的东西，总是什么风来了都想掺和一下。他们可能在某次交易中赚钱，但不可能在所有的交易中赚钱。他们可能会凭借运气赚到一些钱，但是他们很快就会将赚到的钱凭认知输掉。

7. 真正的机会首先产生在危险和需要变革的时间点。中文中的危和机总是紧密相连。善于创造机会的人会在死气沉沉中创造和构建新的需求关系。视频平台崛起时，正午阳光抓住了长视频平台对剧集的需求。他们的入手点就是以后将声名鹊起的IP。IP的本质就是经过检验和不断经过检验的小说或漫画。它们是数字阅读产品的时候就有无数粉丝，变成广播剧、漫画单行本、出版物又会收割一轮新的粉丝。当这些IP成为剧集的时候，它们具备了群众基础。正午阳光的制作人和导演以精湛的制作能力和审美能力而著称，这些与在网络原住民精神世界中的重要产品发生了化学反应，最早的《琅琊榜》《欢乐颂》《大江大河》《知否知否应是绿肥红瘦》莫不如此。

8. 机会的本质是认知差、信息差。一个拥有信息摄取能力的人，发现和抓住机会的能力显然高于那些习惯道听途说的人。一个拥有豪华朋友圈的人，对趋势、对机会的理解也显然比单打独斗的人更强。要善于捕捉震撼而尚未大范围传播的信息，要在最优秀的人形成共识之后马上躬身入局。

9. 只有人已经上路，真正的机会，才会降临。机会崛起于大势中，崛起于不破不立中，崛起于行动中。机会智慧垂青于一个果断思考、早早入场、精耕细作的人。

10. 能抓住机会的人，不仅要依赖大势，更要看自己的比较优势和气势。所谓比较优势，就是自己有能力做到极致的事物。所谓气势，就是能全力以赴，毕其功于一役，全力以赴，日思夜想的行动准则。

11. 机会稍纵即逝，窗口期越来越短。尤其在充满不确定性的市场，政策多变，多重危机叠加，一个迅速成交而利润不够高的交易更为重要。因为拖延、纠结于细枝末节，或者团队内部的钩心斗角，造成的效率降低，是机会最大的敌人。不要哀叹曾经有一次机会摆在你的面前而你没有珍惜。因为如果上天再给你一次机会，你同样把握不住。机会也永远不会流连在总是放弃他的人身边。

12. 可以重申的是，机会与周期有关，与选择有关，与不确定有关，与行动有关。一个人一生当中关键的机会就那么几次，你考上了什么大学，选择了什么样的爱人，想要讨一种什么样的生活，为此愿意付出什么样的改变，交什么样的朋友，怎么分配你的时间，认知和行为是否能够匹配，都关乎机会降临。对于有的人而言，机会只是概率；而对于有的人而言，机会却是活生生的可以拥抱的人。

当市场悲观的时候

1. 要做正确的事情。正确的事情就是可以做到极致的事情、是经过验证的事情、机会的窗口刚刚打开的事情，以及和正确的人共同做的事情。

2. 对于画像已经足够清晰的存量事情，要想活下去的叙事模型是继续创新，加大供给、提升效率、降低成本。

3. 创新业务要在小规模验证后加大投入。

4. 响应市场的有效时长要增加。这是一个学习的过程，也是克服人性的一个过程。

5. 要提升有效客户规模，以及降低与有效客户的沟通成本。

6. 要有足够的信息密度去理解变化，要管理好变化。

7. 学会冷静观察。从频繁做决策到只做关键的决策，到只在关键的时刻做决策。

8. 尤其要管理好风险。要从不能做致命的决策到不能做错误的决策，因为你逃生的次数已经有限。

9. 用极快反应来应对机会总是快速消失、风险总是快速蔓延。反应速度一定要快。

10. 坚信正确的事情。所谓正确的事情就是头部永远有机会。就是只要是正确的事情，就不要放弃。一个总是出击的猎手不是好猎手。好的猎手像鹰，永远相信机会，永远在等待机会，永远在高处等待机会，永远在机会到来的时候会给出致命的一击。

成为IP的关键，在于和用户建立情感连接

给大众讲故事，就要关心他们关心什么。

我们一年购买50个故事，其中有相当一部分大家耳熟能详，比如《嫌疑人X的献身》《少年的你》《鹤唳华亭》《清平乐》《快把我哥带走》。

这些故事在文本阶段就拥有大批的粉丝，做成剧集、电影，也常常有不俗的表现。

当我们回顾那些成功故事的时候，发现它们有诸多的共性。

一、IP的本质是与受众建立强烈的共情

不夸张地说，所有成功的IP都是要满足了一部分人或大多数人对某种极致情感的强烈需要，我将它定义为"广谱情绪"。像真善美，像家国情怀与故土思恋，像女性主义，像原生家庭对人的塑造与影响，像由贫富差距引发的安全感丧失，等等，这些既是每个人都要面对的人生关键词，又都是具有一定普适性的情感情绪。火爆全球的《鱿鱼游戏》，由郝景芳创作，曾获"雨果奖"的《北京折叠》，当灾难来临，选择带着"家"流浪的《流浪地球》，讲述了母女情的《你好，李焕英》，实际上这些作品都是寄托了人类的基本

价值观和情感。又比如抖音上让人快乐的秘诀，据说就是无所谓，没必要，不至于。包括我们现在的"00后"，他们对国潮的热爱，对国术的热爱……我们有一部武术题材的小说，叫《虎辞山》，对于武术技能的展现非常扎实，武术道德及价值观的传递也非常硬核。借由这部作品传递出来的家国情怀，包括年轻人"嚣张""轻狂""撒野"的行为特点，都极具个性。这其实就是属于当代年轻人的快感通道。

二、具有辨识度

电影研究领域，有"类型片"这个概念。在我看来任何的内容产品，都应利用"类型"带来对用户的精准定位垂直发力，形成有影响力的声量。"类型"是独特的，是准确的，是有辨识度的。其实，一个IP之所以成为IP，也是因为它有鲜明的辨识度，不可替代。所谓辨识度，就是与众不同。你邻居家的小妹可能并不是一个倾城倾国的美女，但她个性独特不入俗流，因此她总会在你的记忆中浮现。哪怕是你看过一万本书，你也确定，像《简·爱》这样的主人公，像鲁迅先生这样的语言与表达，你从未见过。它很新鲜，给你震撼，超越了你的经验。我们一直在寻找有辨识度的故事和有辨识度的人。那什么叫"有辨识度的人"？我们经常说喜欢一个故事，本质上是喜欢这个故事里的主人公，是"人设"。就像《西游记》里面的孙悟空、唐僧、猪八戒……每个角色都有自己的粉丝。还有大家耳熟能详的唐家三少作品《斗罗大陆》的主人公唐三，他代表了热血、不屈服的"人设"，是极致下的不屈服。这是年轻人喜欢的部分。再比如说"李子柒"，她为什么受到全世界的欢迎？首先那种像世外桃源似的生活以及以美食文化为主线的故事，是有普世性和共通性的，是符合人类共同的价值观念的。视频里貌似柔弱、衣袂飘飘的田园仙女，利落地上山砍树做衣架，快手削竹做沙发，有关她的一切是那么"与众不同"。辨识度是IP的核心。在抖音上，所谓"男人不像男人，女人不像女人，比男人更男人，比女人更女人""人无我有，人有我新，人新我精，人精我变"，这些与众不同的方法论，正是IP的主要特点，也是流量密码。

三、要有经典的叙事模型

所有最受欢迎的故事，都能够在威廉·莎士比亚的戏剧里，在中国古典短篇小说集"三言""二拍"里，还有《安徒生童话》等传统经典故事中找到叙事模型。我们每个人耳濡目染，自小就接受经典小说的训练，以至于理解并熟悉了这些叙事模型。对于和他们相似或者相近的模型，我们总是很容易接受。你看无论是好莱坞的漫威世界，还是中国的《西游记》，它们的叙事模式都是逐级闯关的游戏叙事结构。我们拿《西游记》举例，设置了八十一道关，过一道关就会成长一次。再比如《唐人街探案》系列电影，同样在逐级闯关的游戏叙事结构之外叠加了案中案的套层叙事结构，也是非常经典的叙事模型。有人做过统计，好莱坞影史上排名前一百的电影中，有百分之九十五讲述的都是英雄历程，即聚焦一个年轻人的成长与发展，从个体的奋斗与梦想出发，以小见大地折射出时代的变换与积极价值观的力量。这些电影在结构上往往呈现出明显的三段式模式："主人公和环境的对立——主人公获得具体的经验——主人公和世界的和解。"在这个历程中，主人公从弱小到强大，从犹疑到坚定，从自卑到自信，从消极到积极，从绝望到希望，这些变化所画出的弧线被称为"人物弧光"（Character Arc）。在整个叙事系统中，还会出现英雄、导师、守门人、盟友、变形者、信使、小丑和阴影等形象，代表了一个人从本我到发现自我直至抵达超我所需要整合的一切内外部力量及众多的契机、灾难。故事常常是这样展开的：一个自卑的问题少年，唯一信任他的祖母被黑暗势力杀害，他决定复仇。他获得了某种异能，一开始所向披靡，但也需要克服内心的惶恐和不安。他最终遇到了敌人的大首领，殊死决战，在即将被打败的时候发现了祖母给他的某个信物或某种信念，他突然满血复活，开始绝地反击，最后和敌人的大首领双双被埋在废墟中。片刻之后，他摇摇晃晃，涅槃重生……

经过检验的故事模型，可以不断通过新一轮的验证。

像是每个人面貌不一，但骨架大抵相同。

四、要有可识别的IP面容

我们需要把一个IP当中最有代表性的部分展现出来，不断重复和强化，就像五官俊秀的人很少遮挡他轮廓分明的脸庞。

那些在拍卖市场上轻松卖出天价的绘画作品，如莫奈、柯罗、藤田嗣治、村上隆的画，你一眼就能识别出作者来，这正是画家们不断地强化自己可被识别的视觉系统所致。像毕加索的画，色彩纯粹、丰富，人物五官错位；达利的画，超现实，画面中的物体非常散和碎；伦勃朗的画，灯光感很足，画里的每个人物都像昏暗街灯下的流浪汉，一副不修边幅的样子，等等。在抖音比较火的账号里，"张同学"作品的背景音乐绝大多数是*Aloha Heja He*，那是德国作曲家阿奇姆·瑞切尔（Achim Reichel）演唱的一首歌曲。其他包括高频出现的语言、服饰、道具、场景等，都是建立IP可识别性的重要手段。

五、步履不停，要有新审美

新审美通俗地讲，就是"新瓶装旧酒"。

唐诗宋词元话本明小说，一代人有一代人的文学，一代人有一代人的经典。当代年轻人最喜欢的平台是B站，跟国潮相关的内容也是最受年轻人欢迎的。再比如河南卫视，一家传统的二线卫视平台，在B站里的粉丝却是省级卫视中最多的。它推出的《唐宫夜宴》《端午奇妙游》《舞千年》等作品，获得了很多年轻人的追捧。网友们说"你永远可以相信河南卫视的审美"。河南卫视的成功，很大程度上取决于内容创作者们用年轻人乐于接受且符合期待的呈现形式，结合了中华传统文化艺术中最经典、最璀璨、最有节奏感的高光片段。"两条腿走路，两腿都修长又迷人"。

审美也是要有兼容性的，要在上一代、同一代、下一代的流行审美中找共振。中国动漫短视频里有一个经典的IP《一禅小和尚》，被称为"中国版一休"，懵懂的小和尚与洞察人心的老和尚的CP设定，简单直白的语言阐述因果，短短几十秒的短视频就能直抵人心。审美就像是一个登山运动员的攀登之旅，亦是一个"见自己，见天地，见众生"的过程。我不认为审美是天赋，要想审美好，要大量阅读、大量阅片，要见多识广，要与审美能力超群的人做朋友。

六、追求极致表现，而不是平均分

有时候，难度造就奇观。

了不起的事物不是一个平均分尚可的事物，而是在最重要的方面拥有别人无法比拟优势的事物。在根本面上拥有极致表现，在其他方面表现平平，甚至有一些重要缺陷的项目、人或者决策，往往是我们所欢迎的。一个平均分还可以的文本远远不如一个在某些方面极致的文本，因为后者给你提供了非常新鲜和震撼的体验。最优秀的内容，不只是安全区的决策，可能需要走到深水区。当时我们购买《少年的你》这个IP时，很多策划因为校园暴力审查的问题提出异议，但我觉得校园暴力只是一个话题而已，真正打动我并让我做出决定的，是校园中的年轻人互相依靠的那份孤独的情感。显然，这份情绪与这个时代达成了一次深情的对话。想要不被台风碾压，就需要跑到台风的中心。那里才是真正的安全地带。

止损，而非挽回损失

1. 敬畏不确定性，在任何一笔交易中，即使最成功的交易员，都无法确保市场会完全依照他的预判方向发展。

2. 你必须在每个错误决策导致的回撤中设置止损线，确保不击破交易系统设置的清盘线，以免给你带来致命的伤害。

3. 你必须从每个错误中不断总结和反思，每一次亏钱带来的交易系统的持续完善和优化，最终将带来质变。

4. 每次交易都是对自己现有决策体系适应市场变化的动态检验。市场永远是正确的，跟随市场、敬畏市场，始终诚惶诚恐、如履薄冰。

5. 遭受重击或超预期完成既定盈利目标后减量经营。大部分人在重大失败后会孤注一掷，重仓豪赌，希望挽回损失。此时的决策风控体系和交易纪律在人性面前往往不堪一击，这是因为重大成功和重大失败后人的感性系统很容易战胜理性。

6. 迅速接受现实。

7. 敬畏市场，保持对市场的足够耐心，只在适当的时候出手。

8. 风控体系是生命线。严格执行交易纪律是为了更好地锁定利润和最大限度地减少回撤。优秀的交易者通常将严格践行风控体系放在生死存亡的高度，因为他们知道，一旦失去风险控制，日积月累的收益可以一夜归零。

内战外行，外战内行

要内战外行，外战内行。

优秀的人，不应该将主要精力放在琢磨人际关系上。

真诚就是一个人最大的铠甲，专业就是一个人战无不胜的武器。

看惯了宫廷戏的人，喜欢庸俗化的人际关系。

而一个洞察人性的人，喜欢去更广阔的场景中作战。

一个人完全可以凭自己的战绩奔腾不息，哪怕在一个不完美的团队里。

一个人将自己的注意力分配在哪里，他就会成为一个什么样的人。

要成为甄嬛，还是霍去病，要钩心斗角还是封狼居胥，取决于你的注意力分配。

想做的事情不仅要做成，而且要做到极致

对于认定的方向，以及有目共睹可以获得的成就，就要拿出魄力，全力以赴。

2005年，我受命组建新浪博客。

当时参加测试的多是行业人士。

人们普遍认为博客应该专属于财经、科技领域。

为提升博客的每日访问量，起初我费尽心机，但收效不大。

2005年国庆节，余华老师带着当时的新作《兄弟》做客新浪。我们礼节性地邀请余华开通博客。国庆结束后，收到他的电话，说一篇采访他的文章被他尝试性地发到了博客上，获得了7000个点击。就在那一瞬间，我突然想：如果有十个余华老师，那一天可能就会有十万个用户，如果有二十个余华老师，就会有二十万用户，甚至更多（这么多年来，我们与余华老师还保持着合作，大家喜欢的《文城》，将被我们搬上话剧舞台）。

于是，我决心邀请更多的名人加入新浪博客。

最开始的尝试统统以失败告终。因为纸媒邀请名人和明星写作需要付高额稿酬。但我没有放弃，列出了当年最火的三十个人，发誓一定要邀请到他们加入新浪博客的写作组中来。

我当时分管新浪读书、女性、房产、教育等频道，"利用职权"软磨硬泡，给第一批受邀的名人用户布置了每个人必须帮我们拉来三个名人的任务，如果没有完成，我就会不厌其烦地用电话轰炸他们。

那一段时间我几乎夜以继日在做这项工作。

我还参与到了与这些名人明星讨论选题的过程中。我成功地将这些博客主变成了我们的编辑。如果他写了一篇并不受欢迎的文章，我甚至还会打电话批评他们。反之，也不吝任何赞美。

据说有一位知名人士因为我频频的电话要求而短暂患上了惊恐症。

两个月后，新浪博客成为新浪排名第二的频道，一年后成为新浪用户最多的频道。

事后回想，如果当时没有一种魄力，从最难的开始、坚持把最难的首先搞定——不但要搞定，还要做到极致，那么我也不过是一个平凡无奇的编辑。幸运的是那个时代不流行"躺平"，也不流行内卷，我只是发自内心想成为一支职场上的绩优股而已。日后，当很多人讨论"躺平"、内卷并横加指责的时候，我不以为然。因为如果一个人在最年轻的时候，不尝试将自己逼到极致，而是随波逐流，那他的一生大概率将是在平均线上下浮沉的一生。

多年后的今天，我成为一名创业者。我越发意识到，在面对雷电交加的不确定性时，我必须付出比在大平台工作时更多的力量，来确保我们的创业公司不至于折戟沉沙。

每个阶段有每个阶段的使命，但我们年轻时候埋下的种子，在一生中都会陆续绽放。

没有一朵花，
一开始便是花；
也没有一朵花，
直到最后仍是花。

追求头部、追求极致

我们购买的版权数以百计。有一些是高价值、高价格的版权；有一些是高潜力、低价格的版权；还有一些是高辨识度、性价比高的项目，这些都给我们带来了回报。

我们有一支庞大的猎手队伍，他们要从浩如烟海的出版物、网络文学、漫画连载中寻找最优质的版权。我们还有一个超过八个人的决策小组，除了猎手日常呈报的项目，他们还要大量阅读已经被售出的公认的好项目，借此提高自己的审美能力。

我们的决策机制非常简单，全票通过或者被三分之二评委打高分的项目，我们一般会果断地买。但也有例外。有一些大家觉得还可以，但勉强购买的项目最终带来了麻烦。同样，有一些极具辨识度，但是存在巨大难度和风险的项目决策非常艰难。我们要在短时间内更清晰地了解市场的需要，为潜在的机会和风险画像。这些项目通常都具备高收益。所以策划的体感及与市场建立共情的能力就非常重要。

在我们选拔优秀故事的时候，我们有一个独特的制度——红旗制度，指的是我们的猎手和策划必须在第一时间让我知道，他们发现了一个极致的故事，如果不收入囊中，我们将为此感到遗憾。所有猎手和策划都很珍惜红旗制度的使用。红旗制度如果使用不当，就会导致狼来了的后果，将没有人相信你的判断能力。在每次会议上，我都会强调红旗制度的应用，确保大家在看到最优秀的内容时能够迅速地喊出来。

在IP市场上，越优秀的内容最终越容易产生共识，但我们有一个非常短促的窗口期，让我们可以在第一时间筛选到这些富有统治力量的故事。红旗制度让我们受益匪浅，结果证明，越是那些资深的猎手、策划所强烈坚持的，越具有非同一般的效益。

我们最早购买的《嫌疑人X的献身》就是因为主人公有瑕疵，险些被决策小组拒绝，但因为我和某些人的坚持而最终决定购买，并在两年后取得了中国大陆推理电影分类的票房冠军。

我们也曾因为风险，与《球状闪电》《庆余年》《偷偷藏不住》等头部IP失之交臂。

对于一个有饥饿感的猎手团队而言，错失卓越的IP无疑是一场灾难。

学会画"象"

命运就像是一只情绪多变的老虎。有时候它和你玩捉迷藏，有时候你可以骑在它身上去远方，有时候它会将你吞噬，有时候它会被你消灭。每个人的人生际遇都是如此。你要在老虎吞噬你之前学到足够多的能力，以便在它扑来的时候可以机智地躲开。你必须极其快速地成长起来，因为这是你进入命运之门后唯一正确的路。

我们都是寓言里的盲人，是在一只大象面前通过触摸，为大象画像的人。有的人抱着一条象腿，说这就是大象呀；有的人还摸到了大象长长的鼻子，以为大象像一条长着腿的蛇。我们要不断走进信息的河流，去触碰，去想象，去重组。没有一个盲人可以看到一头大象的全貌，那些声称自己伟大的人同样也做不到。我们一生都在触摸这头大象，有的人止步于象腿，有的人已经知道这不过是大象的一部分，有的人将触碰到大象鼻子，还有的人已经有了一些结构性的认知。现在，有的人将克服风险，艰难地爬到象背上。他要么从象背上掉下来，要么对大象有了进一步的认知。

人的一生本质上是盲人摸象的一生。人生的很多经历，其实都在画"象"。而我们怎么对待危机，怎么对待机会，怎么对待挫折，怎么对待打击，会对我们的人生产生重要的影响。

那些令人绝望的必然使你更强大

生活不会无缘无故地冒出一个考验，也不会突然降临一个你无法跨越的考验，所有的考验都是你认知召唤的结果。事实上，你会在你认为的不可逾越的考验中幸存下来。所有的考验本质上都有其积极的一面，那些置人死地的考验，最终会让你变得更强大。

创业后，我开始逐渐习惯与坏消息共存，心态因之发生了一些微妙的变化。我不再恐惧接踵而至的坏消息，甚至会提醒自己，事已至此，还能坏到哪里呢？

如果你总是做好迎接更坏情况的准备，你的心态当然就会发生一些变化。

查理·芒格曾说，他甚至有点期待坏事的发生，因为和坏事的斗争能够更显著地提升自己的经验值。

稻盛和夫在得知自己患有癌症的当晚，就立刻平复心情，接受了这一残酷的事实。

经历的考验越多，你就会越强大，这就是那些穿越过很多考验周期的人总能处变不惊、云淡风轻的原因。

如果你能接近那些穿越了很多考验周期，或是在一个考验周期里有过山车般经历的人，你就知道事情糟糕是大概率的，但再糟糕的事情，人也能扛过去。

"钱"和"道"一样，
可以为人所用，而不为人所有

能让现金流入钱包的就是资产，能让现金流出钱包的就是负债。

1. 能赚到钱的人，都很爱钱。因为爱钱，所以能将注意力集中在赚钱上。一个注意力集中在赚钱上的人，会有意识地发展自己赚钱的能力。

2. 所谓爱钱，就是既要爱自己的钱，也要爱别人的钱，比如公司的钱、合作伙伴的钱。不能对自己的钱视如珍宝，对他人的钱却糟蹋如敝屣。钱和时间、爱一样，本身是公允的事物。就像一个号称善良的人，不可能只对自家人善良，而对其他人凶恶。一个能赚到钱的人，怎么可能让别人承担损失和风险，而自己独享收益呢？一个置所服务的企业的利益以及合作伙伴的利益于不顾的人，怎么可能长久地赚到钱呢？就像身处惊涛骇浪中的小船上，还要挖空心思地从船上盗取零件销售的人，怎么可能独善其身呢？一个对钱的流动规律了然于胸的人，需要有同理心，需要从一个大的框架和系统中出发。

3. 在赚钱这个事情上，做正确的事情远远比正确地做事重要。幸福来自频次，而财富来自强度。因此，要选择一个有长期发展前景的行业，要找到可以长期合作的人。要去机会多的地方，要到趋势中，要去明天，要去认知还没有到达的地方赚钱。做正确的事情，无论何时进去，无非是赚多赚少的事情；做不正确的事情，无论何时出来，也无非是赔多赔少的问题。

4. 不要愤世嫉俗。不要指责别人小气。能赚到钱的人都很小气。因为他们对赚钱有敬畏心，知道每一分钱都来之不易。不要轻易地借给别人钱，也不要在生死攸关之外的任何情形下借钱。一个为了消费借钱的人没有赚钱的能力，他只会通过借钱来搞坏一段关系。如果你珍惜一个朋友，原则上不要向他借钱，也不要借钱给他。

5. 你拥有的钱只有两种功能：消费和增值。前者是消费品，是车，价值逐渐递减。后者是资产，是房，逐渐给你增值。一个能够发展出赚钱能力的人善于为两者配比。有赚钱能力的人，拥有资产思维模式，如果他买了十箱茅台酒，他也绝对不是为了炫耀和消费，他只是觉得茅台酒有增值价值而已。

6. 要选择聪明过人、正直诚信、愿意赋能的商业合作伙伴。要将其中那些愿意和你共同承担风险、损失和利益的人做朋友。一个人总会有失败的时候，总会有需要借力的时候，一个人不能孤单地打赢所有的战斗。一个能赚到钱的人，会善于分享，善于选择，即使毫不功利，但客观上他交付的善良也是一种资产。一个拥有正确朋友圈的人，万物都可能是资产。

7. 永远不要相信天上掉馅饼的事情。不但不要相信，还要远离。一个拥有赚钱能力的人，对赚钱这件事情的难度的理解是现实主义而非浪漫主义的。对于他而言，赚钱必须是正确而艰难的事情。

8. 一个拥有赚钱能力的人发展出的最重要的嗅觉就是对风险的嗅觉。一次风险带来的伤害可以覆盖掉九次凭借幸运、周期赚来的钱。对风险的感知是认知里最重要的一部分。一个好的猎人，善于捕捉机会，但更善于捕捉风险。人声鼎沸、众声喧哗的地方，到处都是陷阱。

9. 要想获得财富，就要学会利用杠杆效应。杠杆可以实现你财富的倍增。但前提是在高度确定性的场景下。融资、代码、劳动力都是典型的杠杆。你的智慧与杠杆共同作用，才有可能实现财富的迁跃。

10. 要形成自己的决策框架。赚钱是获利的事情，你必须克服自己的人性，像一台不断学习和进化的机器一样。你要不断了解你赚钱、赔钱背后的决策逻辑，要不断地记录和优化你的原则，并最终按照你的原则行事。一个能发展出赚钱能力的人，能够果断转身。世界上的大部分教训对人的教育，都不如赔钱带来的教训更直接，从这个意义上，钱是人类最好的老师。

11. 一个善于赚钱的人，要么从趋势中赚钱，要么从价值上赚钱，要么兼而有之。从趋势中赚钱，快进快出，绝不拖泥带水。从价值上赚钱，逢低买入，长期持有。一个能真正发展出赚钱能力的人，他赚钱的行为模式都严格限定在以上。这需要一个人有很高的认知水平，必须精于获取信息、能更多、更早、更精确地使用有效信息。一个人无法赚到认知以外的钱。

12. 一个号称能赚钱的人，命运不可能一直垂青于他。将注意力分配给赚钱，并不意味着钱是衡量一切的标志。钱和道一样，有其规律，但其规律难以捉摸，充满无常。钱和道一样，是绝境、失败、风险和收获的共同体，是残酷土地上开出的花朵。钱和道一样，应该为有德者所有。一个人德不配位，拥有不在自己认知和德行上的财富，显然不是一件好事。一个发展出赚钱能力的人，要让财富流动到应该去的地方。如同道一样，不应该为一人所有。

如何花钱

花钱比赚钱更考验人。

最开始创业的时候，我们也像拿到巨额融资的公司一样开始烧钱。幸运的是，我们在意识到市场将发生巨变前停止了这一荒唐的行为。

作为一家创业公司，我们的花钱之道是：

1. 不花钱办事；

2. 花小钱办大事；

3. 值得花的钱，必须果断花。

人应该交的十二种朋友

交朋友，要么诉诸情感，要么诉诸利益，要么诉诸认知输出。

第一，交比你强的人。朋友是找到的，不是遇到的。能找到什么样的朋友，取决于你的认知半径和活动半径。一个人思想和行动的疆域越广，他越可能找到高质量的朋友。那些事业上比你成功、道德上比你高尚、认知上比你领先的人，你都要果断地纳入朋友圈。

第二，交关键时刻能够给予你专业救援的朋友。一个人再酷爱学习，也无法掌握所有领域的知识和技能。在你的专业领域之外，要找到能在关键场合帮到你的人。优秀的医生也好、律师也好，以及教师、保险规划师、媒体人，都要有意识地结交。人生说难确实难，但严峻的挑战和关键的战斗就是那么几种。有这样的一些朋友，在你遇到这样或者那样困难的时候，至少能凭借他们的专长帮你做出科学正确的判断和选择。交这些朋友也许得付出很多成本，但关键时刻你能得到的收益也会非常大。

第三，交一些跨界的朋友。一个人的思维模式很容易固化，即使你在某个领域已经取得了卓越的成绩。从生物学的角度来看，生物在长期进化的过程中，其优势基因更多表现为显性，而不利基因则表现为隐形。通过杂交的方式，能够集合双方的有利基因，也就产生了所谓的杂种优势。并且两个亲本的亲缘关系越远，携带的差异性优质基因越多，杂种优势也就越明显。同样的道理，一个人经历的跨学科的训练越多，他的思维模型越多；一个人结交的跨界的朋友越多，他的认知水平就可能越高。

第四，交一些新兴行业的朋友。从Web1.0、2.0，到现在的3.0，科学技术日新月异，尤其是互联网技术，在这些年变革了众多行业的运作方式。越早进场、越多地与新兴产业的"牛人"成为朋友，越是深度学习，就越能获取新鲜的知识技能，进而成长得越快，获得的机会越多。

第五，要学会经营弱关系。弱关系指的是亲密程度一般，但是友善程度显著高于普通关系的朋友。弱是这个世界上最被误解的字之一，绝非单纯的贬义。比如，一个经历了无数磨难的老人，可能看起来弱不禁风，但是他经受打击的能力却一流。一个在朋友圈被广泛传播的营销案例，它的引爆点可能来自朋友圈的蝴蝶扇起的第一层微弱的波澜。那些不被你视为朋友的人，与你可能没有太多的交集，没有过多的利益之争，但当你求助的时候，他可能会耐心地梳理自己的资源，拼尽全力地帮助你。在我人生的多个关键节点，是那些偶然出现又神秘离去的人，通过无意中的一个饭局，无意中的一条信息，无意中他人介绍的一个资源，帮助和成就了我。

第六，要结交成长性好的年轻人，莫欺少年穷。一代人有一代人的人生际遇，你今天所成就的高度，未必全因个人能力，还可能是周期给你的红利加持。20年前的四大门户网站，十年前的美团头条，现在的元宇宙区块链，都让成千上万的人遇到了机会。今天你轻视的人，也许十年之后就会与你在下一个路口相见，甚至后来居上、超越你的成就。你悉心帮助过的人，大多都会给你反哺。在二十多年的职业生涯里，我培养过一些年轻员工，他们曾是我的部下，但我非常欣慰地目睹了他们的快速成长，如今很多人已成为独当一面的商界领袖。多年后的今天，当年的年轻部下依然和我保持联系，也会在我这个"老领导"遇到困难时，提供力所能及的帮助。

第七，要结交一些经历过大风大浪的人。一个人在重大教训和挫折中学到的东西，常比在日常经验中学到的要更深刻。一个聪明的人可能走得快，但一个在历经风浪后从容稳健的人可能会走得远。那些经历过多个周期，尤其是在一个周期中披荆斩棘、克服过巨大困难的人，如果能成为你朋友圈的一部分，将很可能在你遭遇逆境时助你有效的一臂之力。

第八，要找双向奔赴的朋友。朋友有很多种，你自认亲密的朋友未必真的把你当朋友，而把你当成最好朋友的人，你也许并没有把他放在心上。朋友是所有关系当中最不牢靠的一种，因为朋友不像家人有血缘的维系，甚至不像合伙人和同事，有共同的事业目标来绑定起来。因此，如果你能遇到一段双向奔赴、惺惺相惜的朋友，那就极其珍贵。双向奔赴的朋友不一定是亲密无间的，有可能是亲而不密，或者说"亲密有间"，这些都是朋友交往的正常方式。与你双向奔赴、互相信任的朋友，即使日常联系不多，但也定是在你遇到困难时竭尽所能、挺身而出的人。正如村上春树所说：

你要记住大雨中为你撑伞的人；

帮你挡住外来之物的人；

黑暗中默默抱紧你的人；

逗你笑的人，陪你彻夜聊天的人；

坐车来看望你的人，陪你哭过的人；

在医院陪你的人，总是以你为重的人；

是这些人组成你生命中一点一滴的温暖，是这些温暖使你成为善良的人。

第九，要去书中寻找那些你一生都无法相见的朋友。读一本传记，你会被一个优秀的人影响和塑造。看一本小说，你将被闪闪发光的主人公炽热的情感感动。你与他们从未真正相遇，但是在人生中的每一刻，你都奔赴在寻找他们的路上。一个人即便有再多的朋友，依旧需要独处。一个人遇到苦难，即使有人相助，最终也还是需要一个人去面对。此刻，只有那些书中的人物能陪着你一同打无常的怪兽。那些你仰望的书中的角色，哪怕看上去可望而不可即，却总会在某一刻走进你的生活，点亮你、陪同你，像一个温良的兄长，告诉你他也会遇到这样那样艰难的事情，也会在某一瞬被命运击晕。但同时，他们也会告诉你该如何面对现实，如何调集所有的认知和注意力，去打赢这场九死一生的战斗。看看孔子、王阳明、霍去病、岳飞、曾国藩、笛卡尔，他们是如何抓了一手坏牌，又是如何绝地反击，起起落落，实现不朽的成就。要去书中寻找精神挚友，他们不离不弃、给你向前的力量。

第十，要结交有趣味的朋友。酒肉朋友算不算有趣味的朋友？其实也算。人不可无癖。有时候和那些永远没有人生交集的人，在一场酒局里的遇见，三杯两盏淡酒，或者是一次快意的酩酊大醉，都是难得的快意经历。酒、茶饮和一个陌生人，有时候会给你带来巨大的慰藉。

里尔克说：

谁此时没有房子，就不必建造，

此时孤独，就永远孤独，

就醒来，读书，写长长的信，

在林荫路上不停地徘徊，落叶纷飞。

第十一，要交干干净净的朋友。林语堂先生说："一个心地干净，思路清晰，没有多余情绪和妄念的人，是会带给人安全感的。因为他不伤人，也不自伤。不制造麻烦，也不麻烦别人。某种意义上来说，这是一种持戒。"他们像大海，像山谷，像森林，纯粹、澄澈、简单，能够包容你，给你回声，让你宁静。

第十二，要找有边界感的朋友。任何一种靠谱的关系，都需要保有边界感。我曾见过一些反目成仇的朋友，他们之间常常毫无边界可言。一方不断侵入，一方不断容忍，最后形成张力，将一段关系彻底撕裂。如果一段关系宣告终结，那就学会祝福。成年人需要学会绝交，也要学会善意对待。当你绝交的时候，不要让这场关系的收场太难看。也不要将种种朋友间的不堪往事添油加醋地到处传播。人生如同一段旅程，有的人会先下，有的人会后下。没有一段能够持续一生的朋友关系。他们也许只是在你无助、寂寞时来抚慰你的人。但有一天，他们完成了使命，今生或许与你再也不见，那就和他坚定而充满感恩地说一声再见，就好了。

提高自己日常生活的有效值

无论是读书、社交、运动还是学习、休息，都要以建立和当下的连接为旨归。

人们一边在经营有用的生活，一边又对有用遮遮掩掩，这才是最大的荒谬。如果发呆能够给你带来片刻的欢愉，而这种欢愉在你当下的精神生活中又至关重要，那它当然也是有用的一部分。

但是有些事物不是这样的。你酗酒，酒后发疯，无法顾及你的子女，你的酒友也只是在旁边嘲笑你的丑态，这样的酗酒，有何用处？这样的生活，意义何在？

成为自己身体的专家

一个人在成为一个真正的行业专家之前，必须成为自己管理身体的专家。身体是一生中唯一陪伴你的存在。一个人能不能成为管理身体的专家，很大程度上决定了身体能陪伴他的时间和质量。

查理·芒格说，一辆破车和一辆精心保养的车，谁能走得更远已不言而喻。一个人一生中的最大风险，甚至唯一的风险，有可能就来自你的身体给你的致命一击。

在身体管理方面，我父亲和我大哥给全家树立了非常好的榜样。去年，80岁的父亲在医生的建议下决定减肥，在五个月的时间里减掉20斤。我大哥则在同样的时间里体重下降了40斤，并在之后的两年内保持了体重的稳定性。他们的血脂、血压、血糖全部恢复正常。

如今的我也坚持跑步。

没有人不关注自己的身体，但鲜少有人能够成为自己身体的专家和有效的管理者：

第一，你必须花足够的时间去学习身体的基本知识，并不断更新。关于身体的知识可谓车载斗量，相当庞杂且不断更新，必须充分了解致命的身体疾患和相应的解决方案。

有一些成功的企业家在业余时间里研究疾病。盛大集团的创始人陈天桥在患严重的焦虑症后将后半生的重心转移到脑科学的研究上，希望彻底攻克心理疾病。

我还见过很多成功的企业家学习海姆利克急救法与猝死的治疗。

我此生最重要的朋友之一，美宝集团的创始人徐荣祥正是死于食道咽呛。我曾经和他形影不离。我曾无数次感慨，当时如果有人会海姆利克急救法就好了，可惜时光不能倒流。这位好友的不幸经历，已经促使我要求全家人学会急救法。

第二，你必须保持每年的例行体检。大部分的体检，对于致命的疾病发现毫无建设性。合格的体检包括肺部小剂量螺旋CT，35岁后几年一次的胃镜肠镜筛查、CA199等生化筛查等。我有一位好朋友，在我长年的碎碎念中克服恐惧做了肠镜，发现离肠癌仅有一步之遥。如果晚发现半年不做任何处理，其恶化概率将会显著提高。

第三，你必须有三个以上的医生朋友。朋友不是遇到的，而是找到的。在我们一生的清单中，找朋友当然意义非凡，有几位医生朋友的意义更为重大。每当父母的身体出现状况的时候，我都会及时求助自己的医生朋友，以便在情况变得不可收拾之前及时干预解决。

第四，你必须敏感地感知你身体的变化，并及时、快速地做出干预。发生在身体上的任何风险都绝非小事，慢性炎症有可能会变成癌症，幽门螺杆菌可以导致胃癌，酗酒或者重度脂肪肝可以导致肝癌。一个人必须对自己身体的每部分细细观察，发现变化，及时寻找解决方案。

第五，你必须根据身体状况及时调整你的注意力，并且在身体遇到麻烦的时候能够投入足够的注意力。当身体出现重大问题的时候，你必须暂时放弃手中事情，将注意力集中在治疗和康复上。

第六，你不能讳疾忌医。

第七，你不能有过多的不良嗜好。如抽烟酗酒，暴饮暴食，过多食用发烫和霉变腌制的食物，等等。

第八，饮食和睡眠至关重要。任何事情都不能影响你的饮食和睡眠。如果有睡眠问题，必须及早干预。情况最差是服用副作用小的安眠药，即使依赖安眠药，其危害也远远小于失眠带来的灾难。我曾经有过一段严重的失眠，为此尝试了中药、西药和冥想，调整了卧室里的灯光、枕头等和睡眠有关的设置，还看了大量关于睡觉的书，只要成本不高、伤害不大，我能调整的都会试一下。大约一个多月后我终于摆脱了失眠的困扰，虽然到现在也不明白到底是哪种方法起了作用，但确实发生了积极的变化，这就足够了。

今天，睡前打坐（而不是睡前刷短视频）已经成为我的重要生活习惯。即使泰山压顶，我也会督促自己一定尽量睡好。

第九，对于那些无所不能的保健品要有足够的警惕。

第四章

选择：

人生是一场修行

一念起，天地皆知；欲行之，十方震动

世界上最公平的事情，就是读书

有时候你花了很多代价学到的东西，就在书店显眼的位置上摆着的一本书的扉页上。

一、要大量读书

我见过的最优秀的人都是书虫。查理·芒格说他的儿子评价他是长着腿的图书馆。一个人经历再多，也无法积累足够的经验和教训面对社会的荆棘；一个人认识再多人，也不可能连接足够多的人的经验和教训成事。只有书能够连接所有人、足够多的人的经验和教训。如果你想成为一个优秀的人，一年读四五十本书不为过。

二、要读各种各样的书，尤其跨界的书

古典的、现代的；畅销书、常销书；中国的、西方的；哲学的、商业的；网络小说或者文学名家的；本专业的，或者跨学科的，一切都可以为己所用。

读一类书就像看一面镜子，只能看到你的一部分。只有周围都是镜子，你才有可能看到你的全貌。

三、要快速读书

快速读书是一种一目十行、百行的能力，是可以训练的。有一些书，有一些章节，则要反复读，要精读，像张宏杰的《曾国藩传》、黄仁宇的《万历十五年》我就反复多遍阅读。很多好书，每次阅读都有不同的体验，能够解决不同的问题。这就是读经典书的意义。

四、不要"孤立地"读书

读书常常是为了让自己和整个世界的连接更有效率。如果你不是致力于做一个学问家或知识分子，那就一定要带着目标去读书。读书无法解决迫在眉睫的问题，但能够解决你的问题的书，一定在之前、现在和之后存在。我们奔波在社会中，会遇到各种各样的烦恼和问题，书不但是避难所，更是有力的武器和手段。

五、读书很有可能不是一件有趣的事情

很多人声称读书有趣，我觉得是一种误解，很大可能是因为他们一直在读趣味性或者始终在他们舒适区内的书。一个人若想开卷有益，就必须读不在他经验、不在他审美、不在他认知内的书。可能很难，可能无趣，甚至可能自己有抵触感。我多年来的阅读经验告诉我，如果想要获得真正的成长，就得像一个致力于减肥的人进行的旷日持久的跑步一样，不可能轻松。读书苦，苦读书，少年时候固然如此，成年之后，也并无什么不同。如果你纯粹属于消遣或者打发时间的阅读，可能不是真正的阅读。

六、重申一下，不要拒绝畅销书

一个致力于学习的人，在审美上要更具兼容性，要拥有对新鲜事物坦诚接纳的能力。一个人不拒绝对新鲜事物的接纳，哪怕他垂垂老矣，也因为澎湃的好奇心和求知欲而继续拥有少年感。一个在读书品类上拥有优越感、挑三拣四的人，相当于流放了自己。

一个人的精神世界同样是一所房子，或局促，或恢宏。你读过的书、见过的人、经历过的事情都是这建筑的一部分。读书是为了将知识变成认知，将文字变成价值观和方法论。书读多了，自然会有新气象，一座巍峨宫殿将拔地而起。

日行一善

日行一善，从善如流，尽善尽美。

一定要日行一善。

我在2008年入职盛大文学，盛大集团董事长陈天桥给我推荐的第一本书是《了凡四训》。其核心思想就是日行一善，我命由我不由天。

本书讲述的是袁黄十七岁时，被神算子孔先生算定一生只能考中贡士、五十三岁英年早逝、没有儿子。自此之后，袁黄颓废度日，三十七岁时，他到栖霞山访云谷禅师，对坐三日毫无妄念，禅师笑他："我待你是豪杰，原来只是凡夫。"然后禅师详细阐释"命由我作、福自己求"的道理，并出示功过格教以使用方法。

袁黄听罢，幡然悔悟，改号为"了凡"，意思是从此了却凡夫之身，开始积极行善积福，后来他不仅活到七十四岁，而且中了进士，还生了儿子袁天启，儿子后来也中了进士，可谓福禄寿兼得，人生圆满无憾。

《了凡四训》就是他留给子孙的家训，也影响了后世很多人。

读《了凡四训》：曾国藩感念书中"今日种种，譬如今日生"之言，为自己改号"涤生"，并且要求曾氏子侄必读此书；日本阳明学家安冈正笃认为本书是"人生能动的伟大学问"，建议天皇及首相视之为"治国宝典";日本"经营之圣"稻盛和夫自称从本书中得到了人生顿悟。

一个人做一件善事容易，能坚持每天做则很难，有助于训练自我。一个人在行善的过程中，能够看到他人的苦难，会对这个世界有更多感知能力。有利他之心，在商业上就会广结善缘，有如天助。能够理解无常，增加规避风险和应变的能力。

从这个意义上讲，有人说《了凡四训》是一本改变命运的书，我是认同的。

保持谦卑

一个人善于韬光养晦，深藏不露，不暴露自己的目标，不轻易亮出自己的底牌，不让自己的锋芒在别人的眼前晃动，是一种智慧。

在二十多年的职场生涯中，我见过形形色色的人。越是那些了不起的人物，越是有种阅尽千帆后的通达与谦卑。而那些趾高气扬，脸上写着"来求我"的人，在短短时间内已经消耗掉了他所有积累的运气。

一个轻薄对待他人的人，往往也会轻薄对待万事万物，祸虽未至，福已远离。

学会感恩

要永远感谢那些信任你并慷慨解囊的人。

因为信任的成本最高。普遍而言，信任无法获得正向的回报，这就是大多数人都无法对他人交付信任的原因。

但一个人拥有信任他人的能力，并知道信任应该托付给谁，这在所有的成事法则中是最惊艳的一条。一个拥有信任他人能力的人，和一个值得信任的人，必然会发生化学反应。以下重申一下关于信任的几项基本原则。

1. 绝大多数人都不值得信任。

2. 在托付信任之前，必须对对方进行详尽地考察。

3. 信任需要一点点建立。

4. 只有那些额度够、信用也够的人，才能回馈信任。

5. 永远不要将信任孤注一掷给某人。

6. 有些人辜负信任，仅仅是因为他不想回馈给你而已。不是不能，而是不愿意、不屑于。所以不要做一个软弱的老好人，要去做一个强者，也不要随意地去派发廉价的信任。

练习打坐

打坐，是一个人面对整个世界。

这些年，在极大减少了社交活动后，我重塑了自己更宁静的生活方式，并且每天临睡前打坐半小时。

我的打坐分成三个部分：第一，感恩；第二，反省；第三，发愿。

在漫长的一生中，我们遇到了无数的人。大部分人已经烟消云散，即使和我们连接很深的人，有些人也已早早地下车。当我闭住双眼，往事浮沉，很多鲜活的，破碎的脸就会重回我的脑海。沿着时间的隧道，他们和我一一致意，我想起了越来越多的往事，越来越多的人，他们都曾有意或者无意地帮助了我。

在打坐的最初的时刻里，我为此哽咽，泪流满面，即使打坐持续了几个月，这种感觉也挥之不去。当我真正地去感恩和发现的时候，我发现，命运给了我巨大的馈赠。

在反省的部分，我走入我一生中的至暗时刻。我发现了孤独、脆弱、敏感、无助的我。我发现所有让我陷入茫茫黑夜的时刻，都是因为我的认知不够、我的选择轻率造成的。我反感、怨恨过的人，我奇迹般发现，他们都曾经在一些时间里诚心诚意的治愈过、陪伴过我，也曾经给我带来过巨大的机会。我迅速地原谅了他们。是的，当我回味这些我曾经恨之入骨的人的时候，我惊奇地发现他们都是我一生中重要的里程碑，都曾经全力以赴地援助过我。他们只是选择了一个契机和我道别了而已。

在发愿的部分，我尝试将自己的愿望与更多人的愿望连接起来。我深信念念不忘，必有回响。我坚定地认为，一个人只有真正想要到达某个地方，他才有可能到达。

在打坐了六个月后，我的焦虑感、恐惧感大幅度降低，虽然还远远未到"不以物喜，不以己悲"的境界，但情绪已经相当可控，大部分时间都很宁静。哪怕事情一团糟，我也再无心力交瘁的感受。我诚心诚意地接纳正在发生的一切，视它们为理所当然，并能够全力以赴，应对困境，坚信自己可以胜利到达目的地。

我理解幸福有三个维度

第一，内心宁静的能力。要严格区分苦和难。要让情绪的波动在正常范围内。要努力处事不惊。尤其不要过度烦恼。短短的一生，过去的已经过去了，未来的还没有来到，不要和自己过不去。力争每分钟都悠然自得。

第二，关系和谐的能力。和家人、朋友、合作伙伴等莫不如此。要亲密有间。帮助过你的永远心怀感恩，伤害过你的，或许有他不得已的苦衷，没有利害冲突的，无须操心。接近能照耀你的人，影响可以影响的人。错过的就错过了，下车的就下车了，向新上车的友善地致意。停止你内在的战争，停止攻击他人，也要建立被他人讨厌的勇气。一切关系都可以建构成"如沐春风"的关系。

第三，进化的能力。起点低没有关系，认知差没有关系，在低谷中没有关系，始终能打开自己，始终有好奇心，始终怀抱将一件事情做到极致，始终对新鲜事物有好奇心。一天比一天好一点点，哪怕处境暂时糟糕，又有什么关系呢？花有花的律令，只要往前走，慢一点就慢一点吧，也是成功。

不要慢待万事万物

大多数人，不明事、不明人、不明己。

他们对万事万物，哪怕是遇到至关重要、生死攸关的问题，也不求甚解，拒绝付出更多时间系统地去学习。他们花在抱怨和沉浸式愤怒中的时间可能更多一些。

与人交往也如是，从不愿意精准地了解别人言行背后的动机。

即使对自己，也没有足够的耐心，不明白自己泛滥的情绪背后的欲望到底是什么。

人本质上是能量

1. 人本质上是能量，人际关系是能量的流动。

2. 道是能量，机会是能量，财富是能量，疾病也是能量。

3. 所谓能量，就是有高低差，可以遵循普遍规律流动的力量。

4. 宁静是能量，感恩是能量，愤怒是能量，沮丧是能量，后悔也是能量。一个情绪糟糕的人，可以在几分钟内使一屋子谈笑风生的人不自在。情绪当然是能量。

5. 疾病是能量，自己也是能量。如何解决疾病？那需要你的能量等级要高于疾病本身的能量。

6. 怎么提升能量？谦卑可以获得很大的能量。一个人把自我变得越小，力量越大。丰收的沉甸甸的麦穗、起跑压得很低的运动员、一个让所有人如沐春风的人，显然都充满力量。包容可以获得更多的能量。一个人经历的越多，看不惯的越少。一个人越开放，越能获得能量。得道的人，不是自己拥有超能力，而是道为己所用。学习可以获得更多能量。一个人必须走出自己的疆域，到更高的维度上俯瞰，会获得更多的势能。行善者天助之。在互害蔚然成风的时候，在把自己的风险转移给普通人，让别人成为代价盛行的时代，行善可以获得更多能量。心甘情愿地行善更难得，也更闪耀。平静也可以获得更多能量。平静可以训练。可以通过深度呼吸训练，可以通过打坐训练，可以通过一件有强大兴趣的事情上的专注去训练。

7. 能量自由自在流动。能量是神灵，是祝福，是回响。一个人拥有强烈的、持续的、广博的愿力，能量就会乘愿而来。

人生觉醒，如西天取经

人有两次生命，一次是出生，一次是觉醒。

一个真正觉醒的人，拥有自己的动力系统，能分清楚自己的目标，能够知道人生的轻重缓急，能够想办法突破自己的局限，能迅速地接受现状，能将注意力迅速地集中在要解决的难题上而非消耗自己。一个觉醒的人总是在想办法，也总能想出办法。

玄奘取经本是独自一人，为何到了《西游记》中却变成了唐僧带着孙悟空、沙僧、猪八戒、白龙马的"取经团"呢？

在佛教的观念中，这代表着当唐僧取经的时候，实际上是他带着他身上的贪嗔痴的习气上路的，他要在如来佛设置的八十一难中打掉自己的习气，成为一个觉醒的人。

在现实生活中，我们也同样应该追求觉醒。一个觉醒的人有以下特点：

第一，学会断舍离。坚信最重要的事情只有一两件。始终能够围绕目标行动。

第二，学会宁静。情绪只是达成目标的手段。要能和情绪和谐相处。任何时候，情绪都在轻度沮丧和轻度喜悦当中，不以物喜，不以己悲。

第三，学会学习。承认任何知识都有局限，人必须不停地提升自己的认知。

第四，学会真正谦卑谨慎做人处事。对人、对事都应诚心诚意，绝不轻慢对待。逐渐通晓人性、理解并顺应万事万物规律。

第五，坚信美好的事情终将发生。在细节上的严谨和对未来、对目标的信念坚如磐石并行不悖。

要接受大家对你的冷漠

冷漠是常态，热情是偶然，平淡是日常。

当你一事无成的时候，你要学会接受旁人，甚至朋友的冷漠。

人性是趋利避害的，因此雪中送炭者少有，锦上添花和落井下石是常态。如果你所在的朋友圈多是和你认知在一个层面上的人，这种感受会更深。

一个成年人，要学会直面现实、将心比心。因为如果换成是你，当看到一位落魄的朋友时，也许能做的也极其有限，和那些无法雪中送炭的人没什么不同。

你唯一能做的就是拼尽全力，逃脱当下的困境，顺便也逃离你的圈层。

毕竟，在另外一些圈层，一些人有意愿、有能力，至少有热情去拥抱你、关怀你，赋能于你。

不要永远深陷于一场大雪

人生是由一个总的"悲剧"和无数个"小确幸"组成的。

理解了这一点，你就会珍惜你的每段历程。

一个人可以在某个时刻深陷一场大雪，但不应该在每个时刻都陷入一场大雪。

即使在一场旷日持久的大雪中，也永远不要忘记欣赏触手可及的风景。即使在呼啸而过的过山车一样的人生体验中，你也要学会体验尖叫的与众不同。

真诚和善良可能是普通人唯一的资源

升维的好处是你会觉得每天总是有收获，会告别很多人，会想通好多事。但在升维的独木桥上，会有很多意外、恐惧、艰难的时刻，大的气候，小的气候，莫不如此。

要尽可能地减少在这些时刻里的内耗。他们于事无补，还令事情增加诸多不确定性。你唯一能做的就是不停地感恩，不停地努力，不停地学习，不停地求助，不停地专注。

真诚和善良在最难的时候是非常重要的。因为我们常常两手空空。

不要害人。害人的反噬力很大。很多时候你意识不到你在干坏事，所以更需要警惕。不要相信那些权谋的东西，因为在更聪明人的眼里，你的那套都很可笑。而你，就应该在更聪明的人群里扎堆。

如果是一团麻，找到症结，重新梳理。

如果目标始终没有变，那就一直盯着它，直到走到目的地。

所有付出的，都将以另外一种形式回来

人，是他拥有的和失去的总和。

1. 不挡别人财路。

2. 不把人逼到绝境。

3. 能助人一臂之力就助人一臂之力。

4. 坚信每次付出的善意这次收不回来，下次也可以收回来。在此处收不回来，在彼处也能收回来。所有付出的，都将以另外一种形式，或更高形式收回来。

5. 自己的困境，有时候要通过给其他人创造机会来解决。

6. 永远不和人撕破脸。

7. 对于辜负自己的，一笑而过即可。

8. 任何困难，都可以建设性地解决。

9. 重申一下，动一些人的利益、动一些人的观念，他们会和你拼命。

10. 永远不参与到互害中去，你要率先终止可能发生的互害。

和谐相处的秘密

1. 对他人不要有过高的期待。

2. 不要迁怒于他人。

3. 不要总是看不惯他人。看不惯他人有可能是你的兼容能力不够。

4. 不和烂人、烂事纠缠，及时止损。

5. 和任何人的沟通路径都要尽量短。

6. 接受亲人的无法改变。

永远不要立"人设"

"人设"，是"自造偶像"，作茧自缚。

1. 不要煞费苦心地打造你的"人设"。"人设"越成功，崩盘后的灾难影响越深远。

2. 一个人拥有了名声和权力之后，他必须做好为之前做的所有事情买单的准备。

3. 低调在任何时候都是一个不错的选择。

4. 要宽容他人，要知道你吃的每个瓜都可能是未来头顶的雷。同时要严于律己。危险无处不在，由于我们的轻率、道德缺陷，我们很容易触雷。笛卡尔曾说，人应该遵守所在社会的道德法律，在经历漫长的岁月后，我们将意识到，这条底线永远不应该逾越。

5. 是非最终以不辩为解脱。当你身处一个丑闻中心的时候，你可以选择真诚地道歉、简短地道歉、不再辩解，此后也不应该再回应，哪怕是由丑闻掀起的风暴超过了你犯的错误，超过了你应该和你能够承认的程度。

6. 如果"人设"崩塌了，你要心甘情愿地接受这些代价。

7. 最重要的是，永远不要抱有侥幸心理。你要从你的每个教训和他人的教训中学习，以尽量确保这样的教训不再重新上演。

如何面对毁谤

1. 大部分情况下无须辩解。因为对于负面的东西我们总会过度关注。会导致判断失真，导致你接下来的动作变形。

2. 一部分情况只需要和真正关心的你说明即可。永远记住一个原则，真正关心你的人是极少数。

3. 极少数的情况你要诉诸法律，确保类似的事情不要再次发生。

4. 永远不要拿别人的错误来惩罚自己。永远不要为没有发生过的事情焦虑和忧心忡忡。

5. 即使是捕风捉影的诽谤，也不会无缘无故发生。你要从中反思你行为中的缺陷，并坚决纠正。

如何在情感危机中保持平静

坦白无法解决的问题，往往沉默可以解决。

1. 每个人的一生中都会遇到情感的惊涛骇浪，无论是亲情、友情，还是爱情。

2. 绝大部分时刻都只能自己应对，且只有自己可以应对。

3. 你需要有个心理咨询师朋友，或者至少你应该掌握一些心理学的知识。

4. 无论是谁，都只是你旅途中的过客，不过有的人陪伴的时间长，有的人陪伴的时间短罢了。

5. 绝大部分人最终都会安然度过一场情感危机。

6. 没有一次情感危机是用理性克服不了的。人在情感充沛的时候，需要有理性做对冲；人在过于理性的时候，要重拾一些纯粹的感性。一个优秀的人，感性和理性都应该是自己囊中的武器，可以随时拿出来搭配着使用。稻盛和夫说，感性的烦恼在理性上想通，就不应该再过于纠结。

7. 相信时间。

如何面对多重危机的叠加

做孤勇者，没人可信的时候，信赖自己。

1. 福无双至，祸不单行。

2. 人要做好时刻为自己认知买单的准备。经济危机、健康危机、人际关系和情感危机大多与认知有关。

3. 任何时候，都应该有能同时打赢两场艰难战斗的储备。对困难，不妨预估它更难；对自己，不妨低估打赢一场硬仗的能力。

4. 要把注意力集中在最难的那场战斗上。危机再多，也要分清轻重缓急，一个个解决。

5. 要学会求助。

6. 要做好失去的准备。

庞蕴有一首偈子："世人多重金，我爱刹那静。真金乱人心，静见真如性。"金钱如是，其他也如是。

创业是一次奇妙的旅行

我猜想很多创业者在某个时刻可能会后悔自己选择了创业这条路，哪怕是那些宣称自己从不后悔的人。

创业不是九死一生，是九百九十九死一生。

当下的创业者既要面对市场的不确定性，还要面对政策的不确定性。每个能活下去的创业者都要学会凭借一只象腿勾勒出一只大象，风险在哪里？机会在哪里？中国的创业者至少需要学会勾勒两只大象：一只是市场的大象，一只是政策的大象。

创业者常常是孤立无援的，即使是像任正非这样的成功人士，都会在漫长的时间里压力缠身。孤立无援的坏处是会给你造成很大的压力，很多人过不了压力这一关。但是如果能够学会减少内耗，真正从认知上意识到内耗不但于事无补，还有可能坏事，那你就实现了一次有意义的觉醒。

穿越了风雨的那个人，不再是曾经的那个人。

创业者常常只有一种生活状态，那就是活下去。

创业者都是英雄。因为无论他的肩膀能否承受重压，他都要拼尽全力，背负需要自己背负的东西。

不知道有多少创业者在深夜惊醒过，半夜在床头坐起、夜不能寐。

创业者的状态都是混沌的，大部分时候他们要与不确定性、恐惧为伍，有时候也有惊喜。

我觉得一个对道有一知半解的人，常常会是创业者，因为钱和道很像。

如果一个创业者在不能理解钱之前死去，他就会真的死去。身为一个创业者，必须耳聪目明，能听到钱响的地方。

很多时候支撑创业者的，可能就是一句鸡汤，以及莫名其妙的勇气。但当你穿越了第一个山洞以后，你就知道，有些形而上的说不明白的东西，其实一直在支撑着你。

创业要穿越很多个山洞，每个山洞都会有不同的风景，在穿越山洞的过程中你会体验到常人一生无法体验的风景。

整体而言，创业是一次奇妙的旅行。

心态六种

作为一个创业者，几乎每天都处于压力之中。焦虑、愤怒、沮丧，甚至悲伤，都曾是很长一段时间的主旋律。在创业六年后，我积攒了一些心态调整的经验。可以说，应对负面情绪就如同走平衡木，找到一个正确的支点至关重要，这样做能确保自己在与压力等因素对抗的过程中，不因失衡而倒下。

第一，心态一定要开阔，而非局促。人生百年，过去的已经过去，困扰你的迟早也将变成过眼云烟。那些曾经困扰和折磨你的，在时过境迁的多年后回首，都可能变得不值一提。人生的乐事美景那么多，千万不要深陷于某段糟心的经历中无法自拔。

第二，感恩，而非抱怨。当一个人开始真正学会感恩的时候，万事万物都可能助他一臂之力。那些面目可憎的人，也许曾在某一刻救助过你；一件让你烦心的事，可能蕴含着令你顿悟和成长的秘密。永远提醒自己：在抱怨开始的第一刻就努力停下来，因为不绝的抱怨不具任何建设性。一个喋喋不休抱怨的人，除短暂发泄不满情绪外，根本无法从抱怨中得到什么好处，反而让自己越发消沉愤懑、陷入极度负能量的死循环中。

第三，接受，而非拒绝。接纳所有已经发生的事情，无论好与坏。因为它已经发生了，覆水难收。拒绝直面境遇，会让自己长久地陷入怨悔、不甘与愤怒中。当一件不好的事发生后，注意力应该聚焦在如何解决问题上。唯一能助你走出泥潭的办法，就是不要浪费时间在恐惧、愤怒和后悔上。不要责问一件事为什么发生、为何命运对自己如此不公，而是要尽快屏蔽负面情绪，理性冷静地找寻解决方案。

第四，小幅震荡，而非大起大落。万事都要张弛有度、不能走向极端。如果情绪的张力过大，超出了可承受的范围，则不但伤害自己，还会伤及关心你的亲友，这有什么意义呢？聪明的人适可而止，因为他深知：以伤害自己和身边人的心情与健康作为代价，是得不偿失的。

第五，眼睛要向上，心态要向下。人往高处走，努力获取世俗意义上的成功，这是光明正大、无可厚非的。当竞争对手取得成功时，不要羡慕妒忌恨，不要居高临下地对其获得的成就评头论足、阴阳怪气。你所处的赛道总是被无数比你强的人拓宽的，你的眼界也常由比自己强得多的人影响。对于那些比你成功的人要心存宽厚、敬佩和感激。同时你也要知道，很多起点和资源远不如你的人仍在砥砺前行，他们的艰辛远甚于你；你所成就的，或许是当下的他们无法企及和想象的。如果心怀谦逊、感恩和知足之心，你还有什么不满足的呢？

第六，慷慨，而非计算。不要算小账，劳心劳力，得不偿失。要算就算大账。一个人不能紧紧握住一捧沙子。你想要建造多大的宇宙，就该拥有多大的格局和心境。如果能慷慨待人、乐于施予，那么总有一天，你将得到远超想象的慷慨回馈。

·刻也不要耽误，尽快打赢战斗

达尔文说过，"具备持续生存能力的物种，不是最强壮的，也不是最具智力的，而是那些对变化作出快速反应的"。

机会的窗口期稍纵即逝，风险从开始到蔓延只有一念之间，所以必须快、极快、更快。

如果你不去打一场战斗，你就不会理解快的意义。

市场瞬息万变，机会和风口稍纵即逝。一个市场和另外一个市场，一个行业和另外一个行业，行业里一个与你漠不相关的企业，都与你建立了微妙的连接。

在一个重塑底层逻辑的市场，变化几乎每天都在发生。今天蓬勃向上的企业，可能明天现金流就断了；昨天还与你谈笑风生的人，可能一声不吭就留在了昨天；如果你不能一天十二道金牌调动公司内外的资源，达成一项交易的完成，到了明天就可能物是人非、人去楼空。

2010年的时候，我当时就职的盛大文学启动IPO，我奉命前往新加坡、欧洲、美国路演，按原计划一个月后将在纳斯达克上市。

当时没有人怀疑这场交易会发生变故。

盛大文学那时如日中天，我们在五年的时间里，营收增长超过了

20倍，我们获得了超额认购。

在新加坡完成路演后，按照计划，我将要启程前往欧洲。当时中概股在美国深受欢迎，在上一家公司IPO募集了大量的资金后，陈天桥忧心忡忡地说，他怀疑市场要出问题。此时，与纳斯达克关闭中国市场仅有两周之遥。但当时市场正在欢腾。

他不幸言中。

我们铩羽而归。

这次经历重塑了盛大文学公司，影响了很多人的命运，也包括我。

但盛大文学对我最大的塑造是，市场永远不会有一次完美的交易。每次交易，都是在不断的变化中发生的。从那个时候开始，我养成了在细节上悲观的性格，也养成了我们新的工作方法，那就是一刻也不要耽误，去第一线，去真正打赢一场别人看来毫无悬念要赢的战斗。

结局不会撒谎。

那些在每一个时刻感受到无常的工作高手，对一场普通人认为没有悬念要赢的战斗有真正的切肤之痛。

当我写到这里，无限的心事涌上心头。我们经历的每件事情，都成为我们生命中的一部分，有一部分要永久地逝去，有一部分会永远地留在记忆里。

人生始终是一个道场。

走出原生家庭阴影，拥抱自己

不要将一切都怪罪于原生家庭。

以前无法理解原生家庭之恶。

等进入社会后，才发现到处都是觉得父母欠自己一个道歉的孩子，和觉得孩子欠父母一个感谢的家长。

很多人一生都陷在原生家庭的苦难中无法自拔。在孩子年幼的时候不负责，无法承担起一个家庭的责任；等到孩子成人后又不断索取，动辄道德绑架，竟是很多家庭的常态。

以前无法理解不孝顺父母的孩子，后来无法理解对孩子不负责任的父母。

原生家庭之恶，还在于当孩子长大成人想要逃离原生家庭的时候，原生家庭里的人都牢牢地拽着他，就好像这个人无法连根拔起自己的头发、离开地球一样。

只有一少部分人，获得了更多的爱，扭转了自己的思维模式，培养了更丰富而全面的认知，能够突破原生家庭，拥抱自己，或者带着整个家庭逃离了曾经的阴霾。

接受生命中的不完美

从不完美中看见美。

人的成长，其实就是陆续接纳五个不完美的过程。这有以下两层含义。

1. 你要陆续地接受父母的不完美、自己的不完美、孩子的不完美、他人的不完美和环境的不完美。对于大多数人而言，这是一个痛苦的过程。

2. 你要从最开始的绝不接受，到忍受，到接受，甚至到享受，这也是非常艰难的一个调整。

对于无法改变的，或妥协，或和谐相处；对于可以改变的局部小气候，则拼尽全力去改变。

正确的信仰

正确的信仰，需要坚定的支撑。如果没有坚定支撑，信仰无法被称为信仰。

1. 敬天爱人，让你知道，上有无穷尽的可能性，下有底线不能冒犯。

2. 信仰读书，是因为读书，尤其大量读书是唯一有确定正向回报的事情。

3. 信仰因果，是因为每当不如意的时候，你不应该去抱怨果，而是应该想办法自己改变因。人能分清楚因果，就意味着真正的觉醒开始了。

4. 信仰自己，是因为每个人都有光明、杰出的种子，但从未持续、强烈、耐心地培育。当你穿越风雨的时候，你会发现只有自己和自己站在一起。

5. 信仰那些比你优秀的人，是因为有很多人已经走到你的前面，他们吃过的苦，踩过的坑，探索到的真相远远超过你。

命运的选择在于自己

每个人身上都有"神"，代表理智、良知和光明。

每个人身上也都有一只"猴子"，代表顽劣、失控和黑暗。

他希望成为神，他就可能接近神；他放弃成为神的可能，他可能就真的变成一只猴子。

每个当下就是天堂

天堂就在一念之间。

过去我以为天堂是个空间概念。后来我发现，如果在每个当下，无论发生了什么，我们依然能被宁静和喜悦环绕，那么我们就是在天堂之中。从这个意义上来讲，天堂是个时间概念。

智者认为，任何障碍、失败、损失、疾病或任何形式的痛苦，经过时间的洗礼和沉淀，都会转变成我们最伟大的老师，为我们指明方向，给予我们更有深度的思考，让我们返璞归真，更有同理心。

所以，从更高的层面来看，所有事情的发生都是好的，或者本来就没有好坏之分，一切的发生自有其因果的安排、按着它们本应有的样子发生，好坏只是头脑暂时赋予的概念罢了。

花有花的律令

人生就像一条河流，有时候奔腾不息，有时候则是涓涓细流，有时候经历乱石险滩，这都再正常不过。

过去说少年得志，老年失意是人生悲剧。现在才觉得其实一个人有过波澜壮阔，不走寻常路的一段路，其一生中的均值大体在线，就已经是成功的一生。

至于怎么开头，又怎么结尾，都无关紧要了。

花有花的律令，万物都有自己的时辰，少年时候因醉酒鞭名马，晚年潦倒新停浊酒杯，这不是失败者的一生，这也是成功人生的一种。

-尾声-

一些常识

真正的巨变不需要电闪雷鸣，不需要一场周密的策划，不需要一个黄道吉日，不需要所有的人屏气凝神静待高潮诞生的一个仪式。你无意间的一个选择，相当普通的一天，蝴蝶舞动的翅膀，一场飓风就应运而生。

有人问我为什么不喜欢裁员。因为我觉得情感也是成本。我不希望情感成本成为沉没成本。

作为一个创业者，在开始时已经豁出去了，在坚持时，还可以更豁得出去。当一个人知道他想要什么的时候，他就知道自己该为此付出什么。

让一个事情朝着有利于你的方向发展，10%靠自己，90%靠环境。
你很难直接改变环境。
你只能先改变自己。
然后把自己当作支点，去想办法撬动环境。

人都有能力改变自己。

但绝大多数人没有意愿、没有信心、没有决心改变自己。

他们只能抱怨"不公平""太委屈""这就是命"。

要聚焦在一个有广谱连接的事物上，做深做透。注意力、认知、时间都要聚焦。不要对一切事物都发表感言。一个人敢对万事万物都发表感言的，那些"声音"都不算什么真知灼见。

这个世界的赢家有几种：第一种是说话头头是道的人，他输出的内容、模式，和大多数人能够建立连接，拥有超强的共情能力；第二种是脑子比嘴巴快的人，他不善于表达，但始终在思考，他写出来的可能比说出来的更动人，更有魅力；第三种是行动快的人，他们不一定很聪明，也不一定总是会表达，但他们能选对追随的人，跟着走就可以达到常人无法到达的地方。

人永远生生不息。

与大家理解不一样的是，信息也是头脑的产物。人们按照自己喜欢的、可以到达的、深信不疑的愿景寻找信息，不在经验范围的信息早就被过滤掉了。这就是我们为什么总是在同一口井里的缘故。

道德感和道德不是一回事。获得感和获得也不是一回事。给你甜食的，不一定是为你好。

顺境是认知的产物，这是因为，第一，认知高的人能做出让事情向更有利的方向发生的选择；第二，有能力接纳逆境也是顺境的一种。要想有能力接受逆境，需要很高的认知。这绝非阿Q精神胜利法，也绝非寻求自我安慰。能做到这点的，对自我、对客观发生的事情都有非常通透的理解，本质上也是让自己朝着更有利方向运作的一部分。

看过一个说法，什么样的特定人格才会让一个人比较幸运呢？

1. 良好的心态，可以用平常心看待一切，包容一切。

2. 良好的直觉，所做的一切事情听从自己的直觉。

3. 最重要的一点，拥有这个特性人格的人，懂得自我安慰、自我满足，在面对困境时，能够让自己摆脱悲伤的情绪，对未来也充满了正向期待。

完全赞同。

鸡蛋永远不要放在一个篮子里，也不要放在太多的篮子里。

人生本质上是自我与墙壁、镜子共同作用的结果。遇到墙，你是打破它，还是翻过去，还是向它屈服？都关系到你能不能打通关走到下一个路口。你是怎么认识自己的，又是怎么重新建立自己的，取决于你选择什么样的镜子，以及在镜子中看到怎么样的自己。无数面镜子，一个镜子的碎片构成你的一生。是美是丑，是一部分还是全部、是真实的还是变形的，是有可能性还是被禁锢的，镜子会一一告诉你答案。每个人的人生都是自己选择的结果，是自己如何做出决策的结果。

非常不喜欢"可遇而不可求"这句话。这个世界上最珍贵的，都是你可以找到的，是你能够找得到的。人们总是不相信这句话，或者总是忘记它。

正是那些艰难的时刻，会将你的一生变得更加辽阔。

善是天性，良是后天训练的结果。

难——是客观、不可控的部分，苦——是心态，每个人的情绪，本来就掌控在自己手中。

失败如果不是成功的一部分，失败就是沉没成本。

知识是学来的，文化是思考的结果。有知识没有文化的人多的是，没有知识有文化的人也不少。有文化是对一个人的较高评价，它意味着能分辨是非，懂得利害，可以正确理解成败。

聪明和智慧也不一样。聪明是智商的体现，而智慧是智商、情商、灵商、挫商和开放商的集合体。聪明的人太多，而智慧的人，是珍稀物种。智慧的人能够韬光养晦、卧薪尝胆，而聪明的人只想嘴巴上赢别人。智慧的人为了目标知道自己该放弃什么。聪明的人，沉落海底的时候也不忘记带上他的百宝箱。智慧的人有自知之明，聪明的人，却不自知。聪明人带给这个世界上的灾难远远大于他给予这个世界的。

善于拒绝的人，更容易获得尊重。
1. 一个人只应该善待值得善待的人。
2. 一个人只应给值得善待的人有分寸的帮助。
3. 一个人只能在力所能及的情况下对需要帮助的人施以援手。
4. 一个善于拒绝的人能获得尊重，一个不善于拒绝的人，身边常虎狼环伺。

不要害怕失败，要害怕你从未真正开始过。

所有上升的人都会相遇，所有沉沦的人也会。

不要当父母需要你时，除了泪水，一无所有。
不要当孩子需要你时，除了惭愧，一无所有。
不要当自己回首过去，除了蹉跎，一无所有。

人生的五种旅程：

1. 从波峰到波谷又到波峰的冲浪之旅。

2. 不断获取，又不断放下，最终拥有最珍贵的感悟的旅程。

3. 不断确立、否定和优化自己认知的成长之旅。

4. 不断见贤思齐，与那些拥有浩瀚生命感的人建立连接的旅程。

5. 对外不断理解客观事物规律，对内不断自省善用自我的旅程。

完成比完美重要，坚持比坚信重要。

常识，是大多数人不具备的见识，是人们怯懦时少数人发出的勇敢的声音，是人们被"从来就如此"的僵化认知挡住视线的时候，少数人说出的真相。

当时是晚上，我们在遥远的山谷。星光跋涉无数光年，来到我们面前。你说星辰已经死去，光芒是无数年前的镜像。他们死去的瞬间，耀眼的光芒划亮夜空。当时是2005年的冬天，W和我在寒冷的冬夜行走，积雪照亮寒夜。偶尔听到空谷里野狗的声音。你说看到了吗？那半山火红的灯光，好像一根火柴，照亮你的面庞。

-后记-

付出足够密度的努力，就是你的荣耀时刻

睡得很晚，照例早醒。做了一夜的梦，还是与工作有关。

习惯面无表情，昨天却欢乐开怀，与孩子们玩，看他们聚精会神地看电视，我看着他们。

家中人声鼎沸，已经有很多年不习惯家中人多。幼时的我，曾希望宾朋如云。

想要洋洋洒洒，再给公司的所有人一碗鸡汤，走到群里，只剩下感谢俩字。有的人当时回应了，有的人过了一个晚上才领红包。想起急急忙忙的这半生，初入职场，就被教导所有上级发的内容，五分钟必有回应。

一刹那间，过去几十年的镜头重现，去年尤其温暖。那些温暖的时刻，在黑暗中升腾，令我心潮起伏。

这一年，我开始相信愿力。深信真诚的祈祷可以感天动地。如果人真的是一行代码，写它的超能力，就应该有能力与他创造的世界共情。

这一年，我理解了周期。周期不一定都是坦途，有巨大的因果之轮，有时候在水面之下，冰川之上。当你穿越周期，你就变成了不一

样的人。

这一年，我更相信人应该有极其广阔和开放的思维模式，生生不息。人的自我越小，他获得的世界就越大。我已经深信自以为非是能力制造机，没有一年比这一年更坚信这些。

这一年，我更知道世界每一个角落和十万八千里外的云和月关联。你不应该轻易地将一个匕首扎到另外一个无关的人身上。你今天津津有味吃的瓜，是你明天头顶上爆的雷。一个宽厚的人，更能理解世界的复杂性，假以时日，便能得到丰厚的馈赠。

这一年，无数人奔波在路上，用力地生活。一个人应当在某一个时刻意识到，当他付出足够密度的努力，这就是他荣耀的时刻。经过短暂的休息，战士厉兵秣马，夙兴夜寐，就要出发，走出能力的边界，和自己的父兄去困难的主场迎战，保护自己的母亲、爱人和幼子。金戈铁马的人生，理应气吞万里如虎。

这一年，依旧有很多杂音。有的人有一种能力，能够接受现实，又始终被熊熊燃烧的火焰照亮。能够善待值得善待的所有人，又能一眼看穿那些谎言，不同流合污。能够安于现状，又不屈服于认知的牢笼。

在一个人宽阔的一生中，河流缓缓前行。这是最普通的一天，却同样令人百感交集。一个人站着，哪怕身边没有人，也不孤独。一个人只要不言败，就没有什么力量能让他屈服。回想起惊心动魄的时刻，尤其以1992年为甚。在广义而言，全国吹响了所有人前进的号角，一个民族的征战和史诗拉开序幕。在狭义而言，一个少年在黑暗中暗暗起誓，天地生我，绝不令我陷入平庸的一生。我要拼尽全力，带着自己，带着家人，带着自己所珍惜和服务的团队，前行。

18岁的我自然不知道考试只是人生面对挑战中最微不足道的一种。当我暗下决心的时候，我不知道有那么多平凡而杰出的人整装待发，奔赴他们的目的地。我自然也不知道，29年后的某一日，平淡无奇，却能首尾呼应。

在那一天燃起的熊熊烈火，直到今天仍然在眼眸中闪烁。我仿佛看到了我的父亲、我的母亲，他们含辛茹苦，育我长大；我仿佛看到我的兄长，所有的家人、老师，始终凝望着我，以备不时之需果断援助；我看到了46岁的我，在路上；我看到了18岁的我奋笔疾书，我还看到了每个平常的日子里，忧心忡忡，但从未屈服的我。

侯小强

2022年5月23日